これだけは知っておきたい

完全図解
品質&環境ISO 内部監査の基礎知識120

大浜庄司 著

監査の基本要件を知る	内部監査とその構成	内部監査システムを確立する	現地で内部監査を実施する
目的により監査の種類を選ぶ	内部監査員の力量の要件を知り育成する	内部監査を開始する	内部監査報告書を作成する
監査プログラムを管理する	内部監査に関する規格の要求事項を知る	内部監査活動の準備をする	不適合は是正処置をとりフォローアップする

日刊工業新聞社

はしがき

　組織が認証対象とするISO9001規格、ISO14001規格では、内部監査を要求しています。そこで、この本は、品質マネジメントシステムおよび環境マネジメントシステムの内部監査について、「**完全図解**」により、体系的に解説してあるのを、特徴としています。

　また、この本は、**ISO19011規格**（品質及び/又は環境マネジメントシステム監査のための指針）に基づき、内部監査について、これだけは知っておく必要のある基礎知識を、1テーマ1ページとし、「**120テーマ**」に区分して、説明文と絵と図を融合させた「**目で見てわかる内部監査入門の書**」です。

　この本の内容は、

（1）監査の原則、監査員の行動規範、そして、監査員・監査範囲・監査対象・監査時期などにより分類した監査の種類について示してあります。

（2）監査プログラムとその管理手順により、監査の計画段階・実施段階・フォローアップ段階と監査全体の流れを示してあります。

（3）内部監査の目的、監査依頼者・監査員・被監査者の役割・責任、監査員に必要な力量としての個人的特質、知識、技能について、具体的に解説してあります。

（4）ISO9001規格、ISO14001規格における内部監査の要求事項を詳細に示してあります。

（5）計画段階として、内部監査規定の作成、内部監査員の養成、年度実施計画の策定、監査チームの編成、文書レビューの実施、個別実施計画の策定、監査チームへの作業割当について、実務的に説明してあります。

（6）実施段階として、初回会議の開催、監査証拠の収集、監査所見・監査結論の作成、最終会議の開催について、監査ノウハウを豊富に盛り込んで解説してあります。

（7）フォローアップ段階として、内部監査報告書の作成、不適合に対する是正処置の管理について、具体的に説明してあります。

　このように、この本は、内部監査に関する基礎知識について、容易にご理解いただけるように工夫してありますので、次のような方にお奨めいたします。

- 内部監査を常識的に知りたい方
- 自組織で内部監査に関与することになった担当者・主任・係長・課長・部長・経営者の方
- 組織内での内部監査教育テキストとして使用したい方
- 指導組織の内部監査教育テキストとして使用したいコンサルタントの方

　さらに、これだけは知っておきたいシリーズの"完全図解 ISO9001の基礎知識126"、"完全図解 ISO14001の基礎知識130"、"完全図解 ISO22000の基礎知識150"をお奨めいたします。

　これらの本を活用することにより、内部監査を効果的に運用し、マネジメントシステムの有効性の改善が図られるならば、著者の最も喜びとするところです。

オーエス総合技術研究所　所長　大浜庄司

これだけは知っておきたい

完全図解 品質＆環境 ISO 内部監査の基礎知識 120

目　　次

はしがき　　　　　　　　　大浜庄司・iii

第1章　監査の基本要件を知る・9

1　監査とは監査基準が満たされている程度を判定する・10
2　監査の目的・範囲・基準を明確にする・11
3　監査には5つの原則がある・12
4　監査員の心得と行動規範・13
5　ISO19011規格は監査の手引書である・14

第2章　目的により監査の種類を選ぶ・15

6　監査にはどのような種類があるのか・16
7　監査員により第一者・第二者・第三者監査がある―監査員による分類―・17
8　第一者監査は組織が自組織を監査する―監査員による分類―・18
9　第二者監査は顧客が組織を監査する―監査員による分類―・19
10　第三者監査は認証機関が組織を監査する―監査員による分類―・20
11　認証機関の審査は認証取得後も継続する―監査員による分類―・21
12　マネジメントシステム監査―監査対象による分類―・22
13　製品品質監査・プロセス監査―監査対象による分類―・23
14　全体監査・部分監査―監査範囲による分類―、前方追跡形監査・後方追跡形監査―業務の流れによる分類―・24
15　定期監査・臨時監査―監査時期による分類―、予告監査・抜打監査―監査通知による分類―・25
16　要求事項別監査・部門別監査―その1―要求事項・部門による分類―・26
17　要求事項別監査・部門別監査―その2―要求事項と該当部門マトリックス―・27
18　文書監査・現場監査―文書・現場による分類―・28

第3章　監査プログラムを管理する・29

19　監査プログラムとは監査活動のすべてをいう・30
20　監査プログラムは手順を確立し実施しレビューする・31
21　内部監査プログラムを策定し実施する・32
22　内部監査プログラムの管理手順―計画段階―・33
23　内部監査プログラムの管理手順―実施段階・フォローアップ段階―・34

第4章　内部監査とその構成・35

24　内部監査とはどういうものか・36
25　内部監査はシステムの成長と共に進化させる・37

26	内部監査はPDCAのチェック機能である・38		技能・54
27	内部監査はマネジメントシステム監査である・39	42	内部監査員の力量決定・評価プロセスーその1－個人的特質、品質・環境の共通知識・技能－・55
28	適合性の検証は要求事項への適合を確認する・40	43	内部監査員の力量決定・評価プロセスーその2－品質・環境に特有な知識・技能－・56
29	内部監査は適合性の検証のみで十分か・41		
30	内部品質監査はシステムの有効性を検証する・42	**第6章 内部監査に関する規格の要求事項を知る・57**	
31	内部監査は経営者の視点に立って行う・43		
32	監査は監査依頼者・監査員・被監査者で構成される・44	44	品質マネジメントシステムの内部監査の役割・58
33	監査依頼者・監査員・被監査者の役割と責任・45	45	内部監査のISO9001要求事項の要素分解・59
34	監査依頼者・監査員・被監査者に期待すること・46	46	ISO9001規格が要求する内部監査・60
		47	環境マネジメントシステムの内部監査・61
第5章 内部監査員の力量の要件を知り育成する・47		48	内部監査のISO14001要求事項の要素分解・62
35	内部監査員に求められている力量・48	49	ISO14001規格が要求する内部監査ーその1－・63
36	内部監査員として望ましい個人的特質・49	50	ISO14001規格が要求する内部監査ーその2－・64
37	内部監査員として望ましくない個人的特質・50	**第7章 内部監査システムを確立する・65**	
38	内部監査員に力量を得るための教育をする・51		
39	内部監査員に必要な品質・環境に共通な知識・技能・52	51	内部監査活動の手順を確立する・66
40	内部監査員に必要な品質・環境に特有な知識・技能・53	52	内部監査活動の手順のフロー・67
41	内部監査に必要な監査に関する知識・	53	内部監査活動の開始から完了までの役割分担・68
		54	内部監査システムを確立する・69

55	内部監査規定を作成する・70
56	内部監査年度実施計画を策定する・71
57	内部監査員の教育計画を策定し実施する・72

第8章　内部監査を開始する・73

58	内部監査開始の手順・74
59	内部監査の目的・監査範囲・監査基準を決める・75
60	内部監査チームを編成する・76
61	内部監査チームリーダーの責任・77
62	内部監査チームリーダーの権限・78
63	内部監査チームメンバーの責任と活動・79
64	文書レビューを実施する・80

第9章　内部監査活動の準備をする・81

65	内部監査活動準備の手順・82
66	内部監査個別実施計画を策定する・83
67	内部監査個別実施計画書に明記すべき事項・84
68	内部監査個別実施計画書例・85
69	内部監査チームへ監査作業を割り当てる・86
70	監査作業の部門別割当てと要求事項別割当て・87
71	内部監査のための作業文書を作成する・88
72	チェックリストとはどういうものか・89
73	チェックリストにはこんな利点・欠点がある・90
74	チェックリストには標準形と自己記載形がある・91
75	被監査者に監査実施を通知し対応を依頼する・92

第10章　現地で内部監査を実施する・93

76	現地での内部監査活動の実施・94
77	現地での内部監査活動の実施手順・95
78	内部監査当日は初回会議から始める・96
79	初回会議の議事のすすめ方・97
80	情報を収集し監査証拠とする・98
81	情報源を特定する・99
82	情報収集には文書監査と現場監査がある・100
83	情報収集は被監査者との面談で行う・101
84	監査員が守るべき面談の心得・102
85	監査員が被監査者との面談でとるべき態度・103
86	面談ではチェックリストをどう使うのか・104
87	情報収集は監査員が主導権をもって行う・105
88	サンプリングにより情報を特定する・106
89	サンプリングによる質問の仕方・107
90	質問の仕方のテクニック・108
91	質問は表現・問い方・内容の三要素からなる・109

92	質問には発展形と完結形とがある・110	111	内部監査報告書には不適合・推奨事項を記載する・130
93	適正な回答を得るための質問のテクニック・111	112	内部監査報告書の記載例・131
94	プロセスを評価するための質問・112	113	内部監査報告書の様式例・132

第12章　不適合は是正処置をとりフォローアップする・133

95	事実を確認するための質問・113
96	産業廃棄物の管理に関する質問・114
97	排水・浄化槽・土壌汚染・振動に関する質問・115
98	ボイラー・騒音・危険物貯蔵所に関する質問・116
99	監査メモはどのように取るのか・117
100	監査所見作成から最終会議開催までの手順・118
101	監査証拠を評価し監査所見を作成する・119
102	監査証拠には計画面と運用面がある・120
103	監査チームリーダーが監査所見を最終決定する・121
104	不適合は重要・軽微に評価し提示するとよい・122
105	不適合の表明には区分式と文章式がある・123
106	監査所見から監査結論を導く・124
107	最終会議で監査所見・監査結論を提示する・125
108	最終会議の議事のすすめ方・126

第11章　内部監査報告書を作成する・127

109	内部監査報告書作成の手順・128
110	内部監査報告書に記載すべき事項・129

114	内部監査での不適合は是正処置をとる・134
115	是正処置の管理手順・135
116	内部監査における是正処置要求の仕方・136
117	内部監査における是正処置のとり方・137
118	監査員は被監査者の是正計画を評価する・138
119	是正処置要求・回答書・139
120	是正処置の実施完了をフォローアップする・140

索引・141

著者紹介・144

本書は「ISOマネジメント」誌2009年6月号「これだけは知っておきたい完全図解内部監査の基礎知識50」及び同12月号「これだけは知っておきたい完全図解内部の基礎知識50」を加筆・訂正し、単行本化したものです。

第1章

監査の基本要件を知る

　この章では、監査の基本要件を理解しましょう

(1) まず、監査とは、どういう定義かを知ることです。
(2) 監査には、品質監査・環境監査、複合監査・合同監査などがあります。
(3) 監査目的・監査範囲・監査基準は、監査の三点セットといわれており、この三つは、必ず明確にしておくことです。
(4) 監査の原則には、監査員に関する原則と監査に関する原則があります。
(5) 常に、監査員の心得と監査員としての行動規範を認識して、監査を行いましょう。
(6) 監査には、ISO19011規格"品質及び/又は環境マネジメントシステム監査のための指針"という手引書があります。

1 監査とは監査基準が満たされている程度を判定する

監査 －Audit－

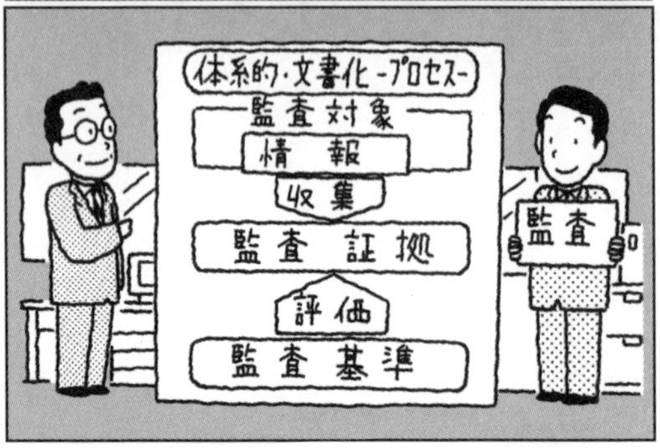

監査のための指針

品質監査

環境監査

■監査は次のように定義されている

　監査とは、監査基準が満たされている程度を判定するために、監査証拠を収集し、それを客観的に評価するための体系的で、独立し、文書化されたプロセスをいいます。
（ISO19011、3.1項）

■品質監査とは

　品質監査とは、品質活動及びそれに関連する結果が、前もって計画した事項と合致しているかどうか、及びこれらの計画した事項が効果的に実施され、目的達成のために適切なものであるかどうかを決定するための体系的、かつ独立的な調査をいいます。

　品質監査を工程管理又は製品の受入れのみを目的として行われる"監視"又は"検査"活動と混同しないようにすることです。

■環境監査とは

　環境監査とは、特定される環境にかかわる、活動、出来事、状況、マネジメントシステム又はこれらの事項に関する情報が監査基準に適合しているかどうかを決定するために、監査証拠を客観的に入手し評価し、かつ、このプロセスの結果を監査依頼者(32項参照)に伝達する、体系的で文書化された検証プロセスをいいます。

■複合監査と合同監査

　複合監査とは、品質監査と環境監査を一緒に実施することをいいます。

　合同監査とは、一つの被監査者を複数の監査組織が協力して監査することをいいます。

●品質監査、環境監査は、**ISO19011規格**（品質及び/又は環境マネジメントシステム監査のための指針）(5項参照)によります。

2 監査の目的・範囲・基準を明確にする

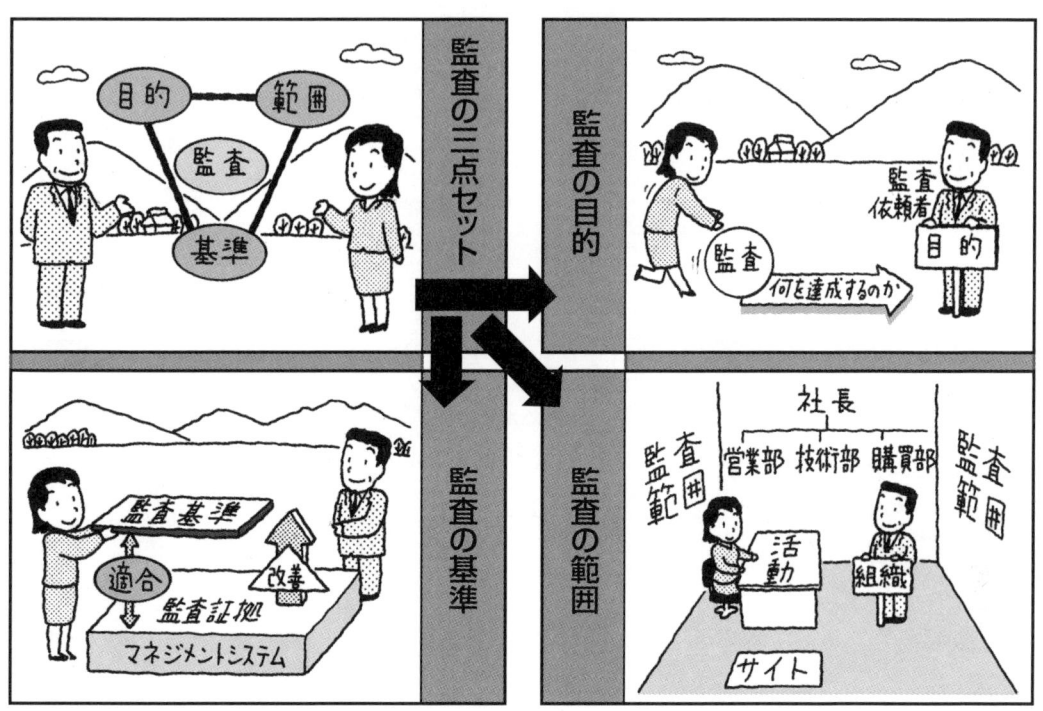

■**監査の目的・範囲・基準は監査の三点セット**

監査プログラム(3章参照)の全体的な目的の枠内で、個々の監査は、文書化された**監査目的・監査範囲・監査基準**に基づいて行います。これらは、監査の三点セットといい、監査依頼者(32項参照)がマネジメントシステムの活動状況を考慮して決めます。

■**監査の目的は何を達成するのかを明確にする**

監査の目的は、その監査で何を達成するのかを明確にすることで次の事項が含まれます。
- 被監査者のマネジメントシステム又はその一部の監査基準への適合の程度を判定する。
- 法令、規制及び契約上の要求事項への適合を確実にするためのマネジメントシステムの能力を評価する。
- 特定の目的を満たす上でのマネジメントシステムの有効性を評価する。
- マネジメントシステムの改善の可能な領域を特定する。

■**監査の範囲とは監査の及ぶ領域・境界をいう**

監査の範囲とは、工場、作業場、事務所など監査すべき場所(サイト)、部又は課などの組織単位、業務活動、プロセス及び監査で対象となる期間といった、監査の及ぶ領域及び境界を示すものをいいます。

■**監査基準とは適合性の判定の基準をいう**
- **監査基準**とは、一連の方針、手順又は要求事項をいいます(ISO19011、3.2項)。
- 監査基準は、監査証拠と比較する基準として用います。
- 監査基準は、監査員が対象事項について収集した監査証拠と比較するための方針、慣行、手順、又は要求事項をいいます。

3 監査には5つの原則がある

■監査は原則順守により信頼あるツールとなる

監査には原則があり、その原則を順守して監査を行えば、マネジメントを支援する効果的で信頼のおけるツールとなります。

同じ状況であれば、どの監査員も同じ結論が出せるようにするために、これらの原則の順守は、必要条件といえます。

■監査員に関係する原則が3つある

● その1―倫理的行動：職業専門家であることの基礎

監査員に信用があり、誠実であり、機密を保持し、分別があることは、監査にとって本質的な要素です。

● その2―公正な報告：ありのままに、かつ正確に報告する義務

監査所見、監査結論及び監査報告は、ありのままに、正確に監査活動を反映します。

● その3―職業専門家としての正当な注意：監査の際の広範な注意及び判断

監査員は、自らが行っている業務の重要性、並びに監査依頼者及びその他の利害関係者が監査員に対して抱いている信頼に見合う注意を払うことです。

力量をもつことは重要な要素の一つです。

■監査に関係する原則が2つある

● その1―独立性：監査の公平性及び監査結論の客観性の基礎

監査員は、監査の対象の活動から独立した立場にあり、偏り及び利害の衝突がないものにします。

● その2―証拠に基づくアプローチ：体系的な監査プロセスにおいて、信頼性及び再現性のある監査結論に到達するための合理的な方法といえます。

4 監査員の心得と行動規範

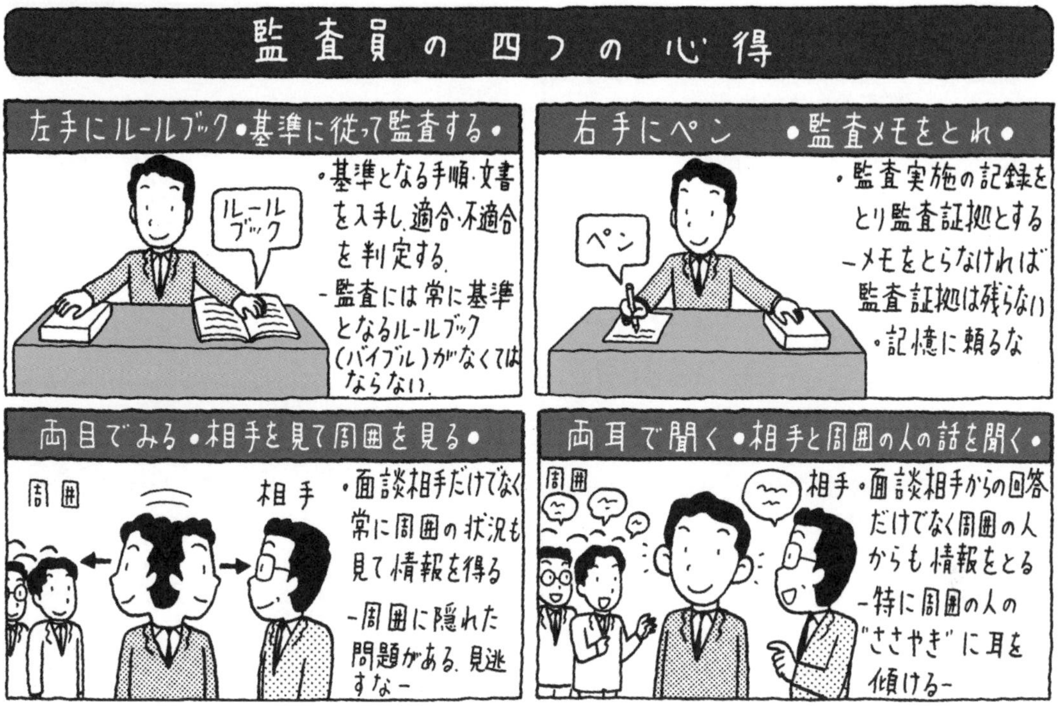
監査員の四つの心得
左手にルールブック ●基準に従って監査する●
ルールブック
・基準となる手順・文書を入手し、適合・不適合を判定する。
ー監査には常に基準となるルールブック（バイブル）がなくてはならない。
右手にペン ●監査メモをとれ●
ペン
・監査実施の記録をとり監査証拠とする
ーメモをとらなければ監査証拠は残らない
・記憶に頼るな
両目でみる ●相手を見て周囲を見る●
周囲
相手
・面談相手だけでなく常に周囲の状況も見て情報を得る
ー周囲に隠れた問題がある。見逃すなー
両耳で聞く ●相手と周囲の人の話を聞く●
周囲
相手
・面談相手からの回答だけでなく周囲の人からも情報をとる
ー特に周囲の人の"ささやき"に耳を傾けるー

◀ 監査員行動規範六箇条 ▶

1. 偏見がなく、専門的で厳格な態度で行動すること
2. 自らの監査の力量の向上と、監査に対する信頼の向上に努めること
3. 管理者あるいは監督者として、監査員の管理技能、品質技能、環境技能及び監査技能の向上を支援すること
4. 自らの監査の力量を超える監査は引き受けないこと
5. 監査を実施するに当たっては、規定から逸脱する情報の公開を行わないこと
6. 監査のプロセスの清廉さを汚しかねない虚偽の情報や、誤った情報を故意に流さないこと

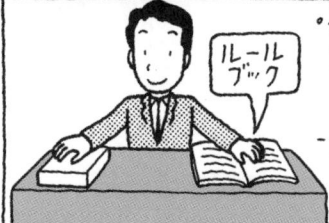

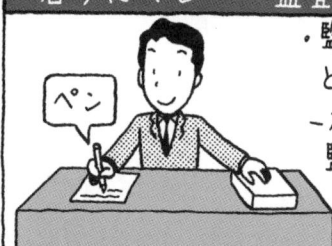

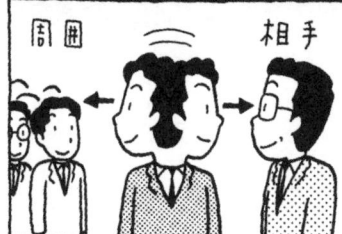

5 ISO19011規格は監査の手引書である

ISO19011:2002
—品質及び／又は環境マネジメントシステム監査のための指針—

- 序文
- 1. 適用範囲
- 2. 引用規格
- 3. 定義
- 4. 監査の原則
- 5. 監査プログラムの管理
- 6. 監査活動
  - 6.1 一般
  - 6.2 監査の開始
  - 6.3 文書レビューの実施
  - 6.4 現地監査活動の準備
  - 6.5 現地監査活動の実施
  - 6.6 監査報告書の作成、承認及び配付
  - 6.7 監査の完了
  - 6.8 監査のフォローアップの実施
- 7. 監査員の力量及び評価

（監査の手引書だヨ）

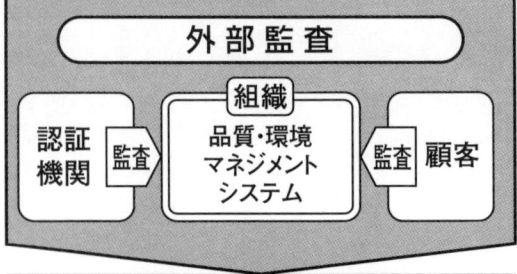

ISO19011規格の適用

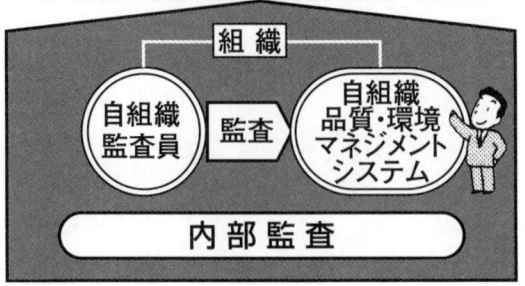

■ISO 19011規格は監査の手引書である
　ISO 19011規格（品質及び／又は環境マネジメントシステム監査のための指針）は、監査の原則、監査プログラムの管理、品質マネジメントシステム監査及び環境マネジメントシステム監査の実施、並びに監査員の力量に関する手引を提供します。

■この規格は内部監査・外部監査に用いられる
　ISO 19011規格は、品質マネジメントシステム及び環境マネジメントシステムについて、組織自体が行う**内部監査**（4章参照）又は認証機関による認証の適合性評価及び顧客による取引評価のための**外部監査**に用いられます。

■監査員は監査の原則を順守する
　監査の原則（3項参照）による監査は、経営方針及び管理業務を支援する効果的、かつ信頼のおけるツールとなります。

■監査プログラムを管理する
　監査プログラム（3章参照）の管理とは、監査を計画し、手配し、実施するために必要な活動を策定し、実施し、その目的が満たされたかをレビューすることをいいます。

■品質・環境マネジメントシステム監査の活動
　品質マネジメントシステム及び環境マネジメントシステムに関する監査活動は、監査の目的・範囲・基準を明確にして実施します。そして監査チームを選定します。
　監査チームへの作業割当、監査スケジュールなどの監査計画を策定し現地監査をします。
　現地監査は、初回会議のあと監査基準に基づき品質及び環境マネジメントシステムの適合・不適合の情報を収集し、監査所見、監査結論を最終会議で報告します。
　その内容を監査報告書として文書化し、不適合があれば、フォローアップをします。

第2章

目的により監査の種類を選ぶ

　この章では、監査をいろいろな側面から分類し、その種類を示してありますので、適確に選定し、監査の目的を達成するようにしましょう。

　この章では、例として、監査を次のような側面から分類してあります。
(1) 監査者による分類、監査対象による分類
(2) 監査範囲による分類、業務の流れによる分類
(3) 監査時期による分類、監査通知による分類
(4) 要求事項・部門による分類、文書・現場による分類
(5) 監査ステップによる分類

6　監査にはどのような種類があるのか

分類	種類	参照項
監査員による分類	第一者監査（内部監査）	8項
	第二者監査（外部監査）	9項
	第三者監査（外部監査）	10・11項
監査対象による分類	マネジメントシステム監査	12項
	製品品質監査	13項
	プロセス監査	13項
監査範囲による分類	全体監査	14項
	部分監査	14項
業務の流れによる分類	前方追跡形監査	14項
	後方追跡形監査	14項
監査時期による分類	定期監査	15項
	臨時監査	15項
監査通知による分類	予告監査	15項
	抜打監査	15項
要求事項・部門による分類	要求事項別監査	16・17項
	部門別監査	16・17項
文書・現場による分類	文書監査	18項
	現場監査	18項
監査ステップによる分類	第一段階監査（第三者監査）	10項
	第二段階監査（第三者監査）	10項
	フォローアップ監査	120項

第2章●目的により監査の種類を選ぶ

7 監査員により第一者・第二者・第三者監査がある ―監査員による分類―

第二者監査

供給者／被監査者

● 組織が、供給者の品質及び環境マネジメントシステムを監査することも、第二者監査といいます

品質及び環境マネジメントシステム

監査　監査員

第一者監査　　**内部監査**

組織

● 第一者監査とは、組織自身（内部監査員又は代理人）が、組織の品質及び環境マネジメントシステムを監査することをいいます　―別名：内部監査という―
● 第一者監査（内部監査）が、ISO9001規格・ISO14001規格の要求事項です

組織の監査員
―内部監査員又は代理人―

監査　→　品質及び環境マネジメントシステム

監査　　　監査（審査）

監査員

利害関係者

● 第二者監査とは、顧客を含む利害関係者が、組織の品質及び環境マネジメントシステムを監査することをいう

―別名：外部監査という―

利害関係者

第二者監査

審査（監査）員

認証機関

● 第三者監査（審査）とは、認証機関が、組織の品質及び環境マネジメントシステムを、ISO9001規格、ISO14001規格を監査（審査）基準として監査（審査）することをいいます（10項・11項参照）

―別名：外部監査（審査）という―

認証機関

第三者監査（審査）

外部監査

☆監査を行う組織と受ける組織の組み合わせによって、**第一者監査、第二者監査、第三者監査（審査）**がある。
　第一者監査を**内部監査**、第二者監査及び第三者監査（審査）を**外部監査**といいます。

17

8 第一者監査は組織が自組織を監査する —監査員による分類—

■組織が行う第一者監査を内部監査という

第一者監査(First party audit)とは、"内部監査"又は"当事者監査"ともいい、組織が自組織のマネジメントシステムを監査することをいいます。

■第一者とは組織をいう

組織には、会社、法人、企業、団体、慈善団体、個人業者、協会などが該当します。

■第一者監査の目的

組織が自組織のマネジメントシステムの適合性、有効性を検証し、トップマネジメントに信頼を与える目的で実施します。

■第一者監査の対象

組織内被監査者のマネジメントシステムを監査対象とします。

第一者監査は、マネジメントシステム監査です(12項・27項参照)。

■第一者監査の監査基準

監査基準は、基本的には組織が決めます。認証取得(10項参照)組織では、ISO9001規格、ISO14001規格が監査基準として適用されます。

■第一者監査の監査員

監査員は、組織構成員またはその組織から委託された代行機関でもよいです。

監査員は、自組織内の監査される領域に直接の責任を有しない者とします。

■第一者監査の被監査者

被監査者は、組織内で監査員とは異なる部門であることが望ましく、監査員自身の仕事は、監査対象としないことです。

9　第二者監査は顧客が組織を監査する　―監査員による分類―

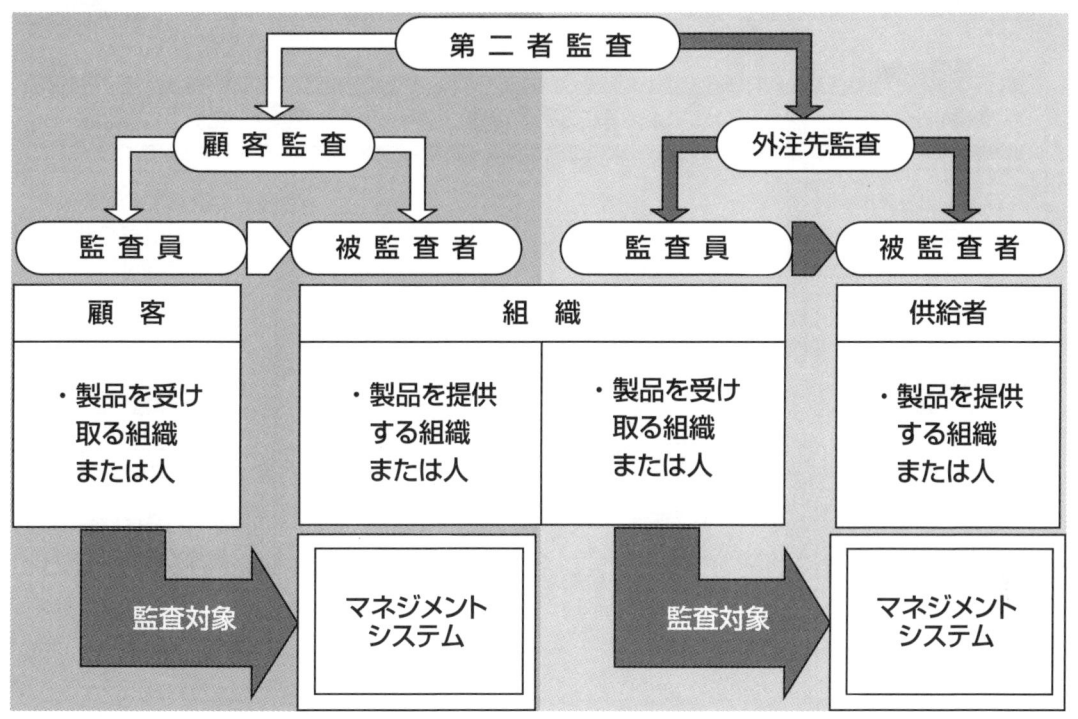

■第二者監査は買う側が売る側を監査する

　第二者監査(Second Party audit)とは"**相手方監査**"ともいい、第二者(顧客)が、第一者(組織)のマネジメントシステムを監査することをいいます。

　第二者監査は、顧客(買う側)が組織(売る側)のマネジメントシステムを監査することから"**二者間監査**"ともいいます。

　第二者監査は、マネジメントシステム監査です(12項参照)。

　第二者監査は外の組織(買う側)が監査するので"**外部監査**"の一つです。

　第二者監査には、"**顧客監査**"と"**外注先監査**"とがあります。

　第二者とは、顧客(買う側)をいいます。

　顧客とは、製品を受け取る組織又は人をいい、消費者、依頼人、エンドユーザ、小売業者、受益者、購入者が該当します。

■顧客監査は顧客が組織を監査する

　顧客監査は、顧客が契約関係を確立する際、組織のマネジメントシステムを評価するため、又は契約後も組織が引き続いて要求事項を満たし、実施していることを検証するために行います。

　監査員は、顧客又は顧客から委託された代行機関でもよいです。

　監査基準は、基本的には顧客が組織との合意により決めます。

　認証を取得していると、監査基準にISO9001規格、ISO14001規格が用いられます。

■外注先監査は組織が供給者を監査する

　供給者に対し組織は買う側になるので、組織が供給者(顧客に製品を提供する組織又は人)を監査するのを**外注先監査**といいます。

　外注先監査の内容は、顧客監査と同じです。

10 第三者監査は認証機関が組織を監査する —監査員による分類—

初 回 認 証 審 査 —第三者監査—

文書レビュー
・品質マニュアル、環境マニュアルのISO9001、ISO14001への適合性を検証する

第一段階審査
・申請された認証範囲を確認する
・品質或いは環境マネジメントシステムの確立を検証する

第二段階審査

認証可否判定
・認証機関の判定会議で、受審組織の認証登録可否を判定する

認証登録
・適合ならば認証し登録証を発行する

■**認証機関が組織認証のために行う第三者監査**

　第三者監査(Third-party audit)とは、外部監査の一つであって**第三者審査**ともいい、認定機関（日本の場合：財団法人日本適合性認定協会）から、認定された認証機関が顧客に代わって、組織の品質マネジメントシステム、環境マネジメントシステムをISO9001規格、ISO14001規格により評価する監査をいいます。

　第三者監査は第一者（組織）と第二者（顧客）と利害関係のない第三者（認証機関）が監査を行うことから、こう呼ばれます。

　第三者である認証機関は、ISO9001規格、ISO1400規格に適合することをもって、第一者（組織）に認証を与えます。ここで**認証**とは、システムに関する保証手続をいいます。

　—これを**認証制度**といいます—

　第三者監査は、監査対象から**品質マネジメントシステム監査**、**環境マネジメントシステム監査**（12項参照）です。

■**初回認証審査は組織の認証を目的とする**

　認証機関が、認証制度において組織の認証を目的とした監査を**初回認証審査**といいます。

　初回認証審査は、文書レビュー、第一段階審査、第二段階審査からなります。

　文書レビューとは、認証機関が組織の品質マニュアルあるいは環境マニュアルに対し、ISO9001規格、ISO14001規格への適合性をレビューすることをいいます。

　第一段階審査は、組織の申請内容の適切性と、品質マネジメントシステムあるいは環境マネジメントシステムが、ISO9001規格、ISO14001規格に基づいて確立されているかを検証します。

　第二段階審査では、確立したマネジメントシステムが運用されているかを検証し、ISO9001規格、ISO14001規格に適合と判定会議で判定されれば、登録証が発行されます。

11 認証機関の審査は認証取得後も継続する —監査員による分類—

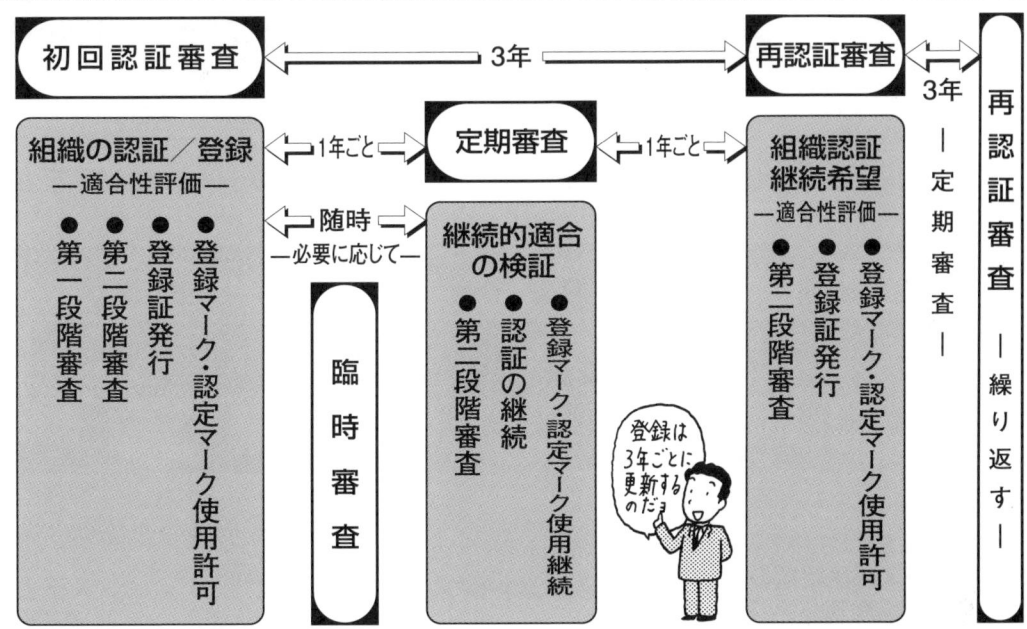

■ 認証制度における審査の種類

認証制度において、認証機関が、組織に対して行う審査には、認証／登録のための**初回認証審査**、**定期審査（サーベイランス）**、**臨時（特別）審査**、**再認証（更新）審査**があります。

■ 初回認証審査は認証／登録を目的とする

初回認証審査は、組織が構築した品質及び／又は環境マネジメントシステムが、ISO9001規格、ISO14001規格の要求事項に適合しているか、組織が方針および手順に適合の状態で運用しているかを検証し、適合していれば、組織を認証／登録（登録証発行）することを目的とする最初の審査をいいます。

■ 定期審査は継続的な適合を審査する

定期審査は**サーベイランス**ともいい、第二段階審査最終日から１年ごとに行います。

定期審査は、認証／登録された組織の品質及び／又は環境マネジメントシステムが、継続して、ISO9001規格、ISO14001規格の要求事項に適合し、実施しているか否かを検証し、適合していれば認証／登録を継続します。

■ 臨時（特別）審査は認証範囲の変更時に行う

臨時（特別）審査は、組織、製品など認証範囲に拡大、縮小などの変更があった場合に、拡大審査、縮小審査として行われます。

また、ISO9001規格、ISO14001規格の改正時には**移行審査**として行われます。

■ 再認証（更新）審査は3年ごとに行う

再認証（更新）審査は、組織が認証を継続するならば登録証の発行から３年経過すると行います。

再認証（更新）審査は、初回認証審査に準じて、文書レビュー、第二段階審査を行います。

再認証（更新）審査は、組織の品質マネジメントシステム及び／又は環境マネジメントシステムの過去の実績を検証し、適合ならば、認証と登録証の書き換えを行います。

12 マネジメントシステム監査 —監査対象による分類—

```
┌─────────────────┐  ┌─────────────────┐  ┌─────────────────┐
│   ISO9001規格    │  │   ISO14001規格   │  │   ISO27001規格   │
├─────────────────┤  ├─────────────────┤  ├─────────────────┤
│      品 質       │  │      環 境       │  │  情報セキュリティ  │
│ マネジメントシステム │  │ マネジメントシステム │  │ マネジメントシステム │
└────────┬────────┘  └────────┬────────┘  └────────┬────────┘
         │監査                │監査                │監査
┌────────┴────────────────────┴────────────────────┴────────┐
│              マネジメントシステム監査                          │
└────────┬────────────────────┬────────────────────┬────────┘
         │監査                │監査                │監査
┌─────────────────┐  ┌─────────────────┐  ┌─────────────────┐
│ 品質マネジメントシステム │  │                 │  │                 │
│ ―自動車生産及び関連  │  │    食品安全      │  │   労働安全衛生    │
│ サービス部品組織の   │  │ マネジメントシステム │  │ マネジメントシステム │
│ 個別要求事項―      │  │                 │  │                 │
├─────────────────┤  ├─────────────────┤  ├─────────────────┤
│  ISO/TS16949規格 │  │   ISO22000規格   │  │  OHSAS18001規格  │
└─────────────────┘  └─────────────────┘  └─────────────────┘
```

■マネジメントシステム監査とは

マネジメントシステム監査とは、組織のマネジメントシステムを対象として監査することをいいます。

マネジメントシステムとは、方針及び目標を定め、その目標を達成するためのシステムをいいます(ISO9000、3.2.2項)

規格で内部監査が要求されている例としては、ISO9001品質マネジメントシステム、ISO 14001環境マネジメントシステム、ISO27001情報セキュリティマネジメントシステム、ISO22000食品安全マネジメントシステム、ISO/TS16949品質マネジメントシステム―自動車生産及関連サービス部品組織のISO9001適用に関する個別要求事項、OHSAS 18001労働安全衛生マネジメントシステムなどがあります。

本書では、品質マネジメントシステム監査と環境マネジメントシステム監査について説明します。

■品質マネジメントシステム監査

品質マネジメントシステム監査とは、組織の品質マネジメントシステムの活動及び関連する結果が、計画されたとおりになっているか否かを検証するために、又、品質マネジメントシステムが効果的かを判定するために、監査を計画し、実施することをいいます。

■環境マネジメントシステム監査

環境マネジメントシステム監査とは、組織の定めた環境マネジメントシステム監査基準が、満たされている程度を判定するために、監査認拠を収集し、それを客観的に評価するための体系的で、独立し、文書化されたプロセスをいいます。

13 製品品質監査・プロセス監査 ―監査対象による分類―

プロセス監査は六つの要因を検証する

=タートル分析=

- 何を用いて行うのか ―設備・測定器―
- 誰が行うのか ―力量・教育訓練―
- インプット ―何を受けているのか―
- プロセス
- アウトプット ―何を提供しているのか―
- 何を基準に行うのか ―重要指標―
- どのように行うのか ―手順・方法・指示―

■**製品品質監査は検証済み製品を再検証する**
　製品品質監査とは、すでに受け入れた製品、検証を完了した製品の再検証又は記録により、製品が品質要求事項に適合しているか否かを監査することをいいます。

■**プロセスとは**
　プロセスとは、インプットをアウトプットに変換する、相互に関連する又は相互に作用する一連の活動をいいます。
　　(ISO9000、3.4.1項)
　プロセスは、インプットをアウトプットに変換することを可能にするために、資源を使って運営管理される一つの活動又は一連の活動をいいます。
　また、一つのプロセスのアウトプットは、多くの場合、次のプロセスへの直接のインプットになります。

■**プロセス監査は次の六つの要因を検証する**
　プロセス監査では、製品実現のプロセスに直接影響する、次の六つの要因の管理状態を検証します。
- インプットとして、何を受けているのか
- アウトプットとして何を提供しているのか
- 何を用いて行うのか(設備・測定器)
- 誰が行うのか(力量・教育訓練)
- どのように行うのか(手順・方法・指示)
- 何を基準にして行うのか(重要指標)

■**プロセスを監査するための四つの質問**
- 質問1　プロセスは明確にされ、適切に定義されているか
- 質問2　責任は割り当てられているか
- 質問3　手順は実施され維持されているか
- 質問4　プロセスは要求された結果を達成するのに効果的か

14 全体監査・部分監査、前方追跡形監査・後方追跡形監査
—監査範囲による分類—　　—業務の流れによる分類—

全体監査
監査対象：組織の全部門
監査基準：品質・環境マネジメントシステム全要求事項

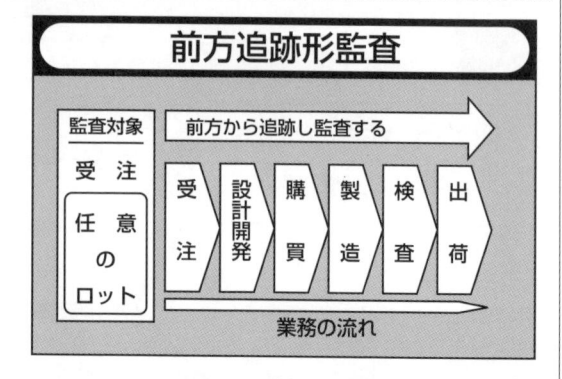

部分監査
監査対象：設計部門（組織）
監査基準：設計開発 —7.3項—
要求事項：品質マネジメントシステム

前方追跡形監査
監査対象：受注 任意のロット
前方から追跡し監査する
受注 → 設計開発 → 購買 → 製造 → 検査 → 出荷
業務の流れ

後方追跡形監査
後方から追跡し監査する
受注 → 設計開発 → 購買 → 製造 → 検査 → 出荷
監査対象：市場クレーム 任意のロット
業務の流れ

■全体監査は組織全体を短期間で監査する

　全体監査とは、組織の全部門を対象として、品質マネジメントシステム及び／又は環境マネジメントシステムの要求事項すべてを監査することをいいます。

　全体監査は、監査基準を品質マニュアル（ISO9001規格）、環境マニュアル（ISO14001規格）として、年間計画に基づき、短期間で監査しますので、組織全体のマネジメントシステムの検証に適しています。

■部分監査は組織、システムの一部を監査する

　部分監査とは、組織の一部の部門、マネジメントシステムの一部の要求事項を監査することをいいます。

　部分監査は、監査対象部門に適用される規定類を監査基準とし、年間計画に基づき、継続的に検証するのに適しています。

■前方追跡形監査は受注からサンプルを選ぶ

　前方追跡形監査とは、受注伝票から任意のロットを選び、業務の流れに沿って、前方から追跡し、営業の受注契約業務から、設計・開発、購買、製造、検査を経て、出荷引き渡しに至る業務に対して、工程順に関係する部門に適用する品質及び／又は環境マネジメントシステムの要求事項が効果的に実施されているのかを監査することをいいます。

■後方追跡形監査は市場のクレームから選ぶ

　後方追跡形監査は、市場のクレームから任意のロットを選び、業務の流れにさかのぼって後方から追跡し、出荷から営業へと工程とは逆に関係する部門に適用される品質及び／又は環境マネジメントシステムの要求事項、そして効果的に実施されていたかを監査するので、トレーサビリティの検証に適しています。

第2章●目的により監査の種類を選ぶ

15 定期監査・臨時監査、予告監査・抜打監査
―監査時期による分類―　　　―監査通知による分類―

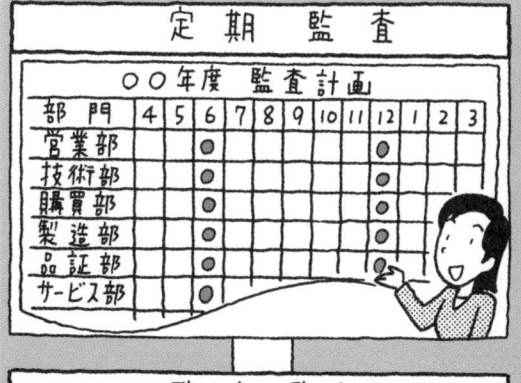

■定期監査は監査計画に基づき実施する

　定期監査とは、年度計画などあらかじめ定められた監査計画に基づき、監査時期を設定し決められた期日に実施する監査をいいます。

　内部監査(第一者監査)は、監査される活動及び運用の品質上・環境上の重要性並びに前回までの監査の結果を考慮して、監査計画を立てます。

　定期監査は、監査員及び被監査者とも計画に基づき、監査への準備ができます。

■臨時監査は必要に応じて随時実施する

　臨時監査とは、監査実施時期を設定せず、必要に応じて、随時行う監査をいいます。

　臨時監査を必要とする例を、次に示します。
- マネジメントシステムに重大な変更があった場合(例：大幅な組織変更)
- 重大な市場クレームの報告があった場合

■予告監査は事前に被監査者に通知し実施する

　予告監査とは、監査を実施する前に被監査者に通知を出し、被監査者にあらかじめ監査の実施内容を知らせてから、実施する監査をいいます。

　予告監査は、被監査者が事前に監査内容を知らされているので、十分に準備し改善できることから、最良の状態を監査できます。

　一般に、内部監査、認証機関が行う審査は予告監査です。

■抜打監査は被監査者に通知をせず実施する

　抜打監査とは、被監査者に事前に通知を出さずに、監査員が突然被監査者に赴き、実施する監査で、被監査者がびっくりするので、**びっくり監査**ともいいます。

　抜打監査は、被監査者に実施を知らせないので、被監査者のありのままを監査できます。

16 要求事項別監査・部門別監査 —その1—
—要求事項・部門による分類—

要求事項別監査（例：品質マネジメントシステム） －監査員割り当て例－

縦軸：要求事項　横軸：部門 → 適用される部門

監査員を割り当てる → 監査対象要求事項
—例—
4.1項一般要求事項
担当監査員割当

要求事項 \ 部門	トップマネジメント	営業部	技術部
4.1 一般要求事項	○	○	○
4.2 文書化に関する要求事項	○	○	○
5.1 経営者のコミットメント	○		

部門別監査（例：環境マネジメントシステム） －監査員割り当て例－

縦軸：要求事項　横軸：部門 →

監査員を割り当てる → 監査対象部門
—例—
営業部門担当監査員割当

適用される要求事項

要求事項 \ 部門	トップマネジメント	営業部	技術部
4.1 一般要求事項	○	◎	○

■要求事項ごとに監査員を定める要求事項別監査

　要求事項別監査とは、ISO9001品質マネジメントシステム、ISO14001環境マネジメントシステムの要求事項について、適用されるすべての部門に対して監査することをいいます。

　品質及び／又は環境マネジメントシステムのすべての要求事項に対して、各要求事項別に監査員を定め、適用されるすべての部門を監査するのが、**要求事項別の全体監査**です。

　また、品質及び／又は環境マネジメントシステムの特定要求事項のみを監査するのが、**要求事項別の部分監査**です。

　要求事項別監査は、品質及び／又は環境マネジメントシステムの要求事項ごとに、各部門を横並びに検証でき、マネジメントシステムのどの要求事項が適合し、不適合が多いかを、比較できるのが特徴といえます。

■要求事項別監査は水平型監査ともいう

　要求事項別監査は、品質及び／又は環境マネジメントシステムの要求事項を縦軸に、組織内の各部門を横軸にし、責任部門（◎）、関連部門（○）を特定したマトリックス（次頁参照）を、水平方向に監査するので、**水平形監査**ともいいます。

■部門ごとに監査員を定める部門別監査

　部門別監査で、組織のすべての部門に対して各部門別に監査員を定め、適用される品質及び／又は環境マネジメントシステムの要求事項を監査するのが、**部門別全体監査**です。

　また、特定部門に対して適用される要求事項のみを監査するのが、**部門別部分監査**です。

　部門別監査は、次頁のマトリックスを垂直方向に監査するので、**垂直形監査**ともいい、部門ごとに比較評価できるのが、特徴です。

17 要求事項別監査・部門別監査 —その2—
—要求事項と該当部門マトリックス—

ISO9001品質マネジメントシステム要求事項と該当部門マトリックス〔例〕

◎:責任部門　○:関連部門　　部門別(垂直形)監査

要求事項別(水平形)監査

品質マネジメントシステム		部門	トップマネジメント	営業部	技術部	購買部
4	4.1	一般要求事項	◎	○	●	○
	4.2	文書化に関する要求事項	○	○	●	○
5	5.1	経営者のコミットメント	◎			
	5.2	顧客重視	◎	○		
	5.3	品質方針	◎	○	●	○
	5.4	計画	●	●	●	●
	5.5	責任、権限及びコミュニケーション	◎	○	●	○
	5.6	マネジメントレビュー	◎			
6	6.1	資源の提供	◎			
	6.2	人的資源	◎	○	●	○
	6.3	インフラストラクチャー	◎		●	○
	6.4	作業環境			●	

ISO14001環境マネジメントシステム要求事項と該当部門マトリックス〔例〕

◎:責任部門　○:関連部門　　部門別(垂直形)監査

要求事項別(水平形)監査

環境マネジメントシステム			部門	トップマネジメント	営業部	技術部	購買部
4		4.1	一般要求事項	◎	○	●	○
		4.2	環境方針	◎	○	●	○
	4.3	4.3.1	環境側面			●	○
		4.3.2	法的及びその他の要求事項	○		●	○
		4.3.3	目的、目標及び実施計画	◎	○	●	○
	4.4	4.4.1	資源、役割、責任及び権限	●	●	●	●
		4.4.2	力量、教育訓練及び自覚	○		●	○
		4.4.3	コミュニケーション		○	●	
		4.4.4	文書類			●	
		4.4.5	文書管理		○	●	○
		4.4.6	運用管理			●	○
		4.4.7	緊急事態への準備及び対応			●	

18 文書監査・現場監査 —文書・現場による分類—

文書監査

マニュアル監査
- 監査基準：●ISO9001規格 ●ISO14001規格
  ↓監査
- 監査対象：●品質マニュアル ●環境マニュアル

文書マネジメントシステム監査
- 監査基準：●品質マニュアル ●環境マニュアル
  ↓監査
- 監査対象：●品質・環境の社内規定 ●品質・環境の手順書類

現場監査

- 監査基準：●品質・環境の社内規定 ●品質・環境の手順書類
  ↓監査
- 監査対象：●品質活動の実施 ●環境活動の実施

■文書監査は文書内容の適合性を検証する

文書監査とは、"書類監査"、または"文書レビュー"ともいい、組織が作成した文書について、監査員が被監査者に提示を求め、その内容が、監査基準(2項参照)に適合しているか否かを検証することをいいます。

－**適合**とは、要求事項を満たすことをいう－

文書監査には、"マニアル監査"と"マネジメントシステム文書監査"とがあります。

■マニュアル監査

マニュアル監査とは、"マニュアルレビュー"ともいい、品質マニュアル、環境マニュアルに規定されている品質マネジメントシステム、環境マネジメントシステムの内容が、監査基準であるISO9001規格、ISO14001規格の要求事項に適合しているか否かを検証することをいいます。

■マネジメントシステム文書監査

マネジメントシステム文書監査とは、品質マネジメントシステム、環境マネジメントシステムに関する社内規定、手順書類に規定されている内容が、監査基準であるISO9001規格、ISO14001規格の要求事項又は品質マニュアル、環境マニュアルの規定要求事項に適合しているか否かを検証することをいいます

■現場監査は監査基準に基づく実施を検証する

現場監査とは、監査員が品質関連、環境関連の業務を行っている職場(例：作業現場)、稼動している施設、設備の設置場所に赴き、監査基準である品質マネジメントシステム、環境マネジメントシステムに関する社内規定、手順書どおりに品質関連、環境関連の業務が実施されているか否かを検証することをいいます。

第3章

監査プログラムを管理する

　この章では、監査プログラムの管理について理解しましょう。

(1) 監査プログラムとは、監査を計画し、手配し、実施するのに必要な活動のすべてをいいます。
(2) 監査プログラムは、策定したら、実施し、その実施を監視・レビューして、改善することを求められています。
(3) 内部監査における監査プログラムの管理の手順には、計画段階、実施段階、フォローアップ段階があります。
(4) 内部監査プログラムの計画段階は、監査の開始、文書レビュー、監査活動の準備からなります。
(5) 内部監査プログラムの実施段階は、初回会議、情報の収集、監査所見・監査結論の作成、最終会議からなります。
(6) 内部監査プログラムのフォローアップ段階は、監査報告書作成、是正計画評価、フォローアップからなります。
(7) (4)、(5)、(6)については、7章〜12章で詳しく説明します。

19 監査プログラムとは監査活動のすべてをいう

■監査プログラムは計画された一連の監査

監査プログラムとは、特定の目的に向けた、決められた期間内で実行するように計画された一連の監査をいいます。

監査プログラムは、監査を計画し、手配し、効果的に実施するのに必要なすべての活動を含みます。

組織全体にわたる品質及び環境マネジメントシステムに関して、今年度に行う一連の内部監査は、監査プログラムの一つの例です。

■監査プログラム管理責任者を任命する

トップマネジメントは、監査プログラム管理責任者を任命します。

監査プログラム管理責任者は、監査の原則、監査員の力量、監査技法の適用、監査を受ける活動の技術及びビジネスを理解し、管理能力があることが望ましいです。

■監査プログラム管理責任者の責任
- 監査プログラムの目的・範囲を設定する
- 資源が確実に提供されるようにする
- 監査プログラムが実施されるようにする
- 監査プログラムを監視し、レビューし、改善する

■監査プログラムの範囲は組織の規模に影響

監査プログラムの範囲は、監査の対象となる組織の規模、性質、複雑さ及び実施するそれぞれの監査の範囲・目的・期間、監査の頻度、活動の数、重要性などに影響を受けます。

■監査プログラムに必要な資源を特定する
- 監査活動を計画し、実施し、管理し、改善するために必要な財源
- 監査員の力量を確保するため、監査技法を習得するための資源

第3章●監査プログラムを管理する

20 監査プログラムは手順を確立し実施しレビューする

監査プログラムの手順を確立する

監査プログラムを実施する

監査プログラムをレビューし改善する

監査プログラム実施の記録を残す

■監査プログラムの手順で対処する事項
- 監査を計画し、スケジュールを作成する
- 監査員及び監査チームリーダーの力量を保証する―力量を考慮してチームを編成―
- 適切な監査チームを選定し、役割及び責任を割り当てる―メンバーの役割の明確化―
- 監査を行う
- 監査のフォローアップを行う

■監査プログラムを実施する
- 関係者(内部監査員、被監査者)に監査プログラムを連絡する
- 監査プログラム(監査手順)に従って監査の実施を確実に行う
- 監査活動の記録の管理を確実に行う
- 監査報告書のレビュー及び承認を確実に行い、監査報告書を監査依頼者及び定められた関係者に確実に配付する

■監査プログラムの実施の証拠を記録に残す
- 個々の監査に関係する記録
―監査計画・監査報告書・是正処置報告書―
- 監査プログラムのレビューの結果
- 監査員に関係する記録
―監査員の力量の評価及びパフォーマンスの評価・監査チームの選定の記録―

■監査プログラムを監視しレビューする
　監査プログラムの目的が満たされているかを評価するため及び改善の機会を特定するために、監査プログラムの実施を監視し、適切な間隔でレビューします。レビューの結果は、トップマネジメントに報告します。
　例えば、内部監査にて不適合検出件数が減少しているのに、顧客クレームが減少せず、また、環境パフォーマンスが得られないのは、監査員の力量が低いので向上を図ります。

21 内部監査プログラムを策定し実施する

監査プログラムの策定

- ・内部監査手順の確立
  ー内部監査規定作成ー
- ・内部監査員の養成
  ー内部監査員教育計画作成ー

監査プログラムの実施 ーつづくー

- ・内部監査の開始
  ー監査の目的・範囲・基準の明確化ー
- ・文書レビューの実施
  ー品質マニュアル・環境マニュアル・規定のレビューー

監査プログラムの実施

- ・フォローアップの実施
  ー是正処置実施の確認・結果報告ー
- ・内部監査報告書の作成
  ー内部監査報告書の承認・配付ー
- ・内部監査活動の実施
  ー情報の収集、監査所見・監査結論の作成ー
- ・内部監査活動の準備
  ー監査計画書・作業文書の作成ー

■内部監査の監査プログラムを策定する

これから内部監査を導入する組織は、**監査プログラム**を策定します。

まず、内部監査の計画、実施、結果の報告、記録の作成に関する責任を、例えば**内部監査規定**として文書化することが望ましいです。

また、この任に当たらせるため、**監査プログラム管理責任者**を任命します(19項参照)。

監査プログラム責任者は、**年度内部監査実施計画**を立案します。

■内部監査員を養成する

内部監査員を養成するための教育計画を作成し、実務経験の豊かな者から適格者を選定し、教育を受けさせ力量のある者を**内部監査員**とします(5章参照)。

ー内部監査員には、ISO9001規格・ISO14001規格の知識、監査技法などを習得させるー

■内部監査の監査プログラムを実施する

監査プログラムは次の手順で実施します。

- ●**監査の開始** 内部監査の目的、範囲、基準を明確にし、監査チームを選定する。
- ●**文書レビューの実施** マニュアル、規定の監査基準への適合をレビューする。
- ●**内部監査活動の準備** 監査日時、被監査部門、監査チームへの作業の割当などを決め、内部監査計画書を作成する。
- ●**内部監査活動の実施** 面談、活動の観察、文書の検証により監査証拠を収集し、監査基準に照らして監査所見(適合・不適合・推奨事項)を作成し、監査結論を得る。
- ●**内部監査報告書の作成** 内部監査の結果を内部監査報告書として作成し監査依頼者(33項参照)の承認を受け配付する。
- ●**フォローアップの実施** 不適合に対する是正処置の実施を検証し、結果を報告する。

第3章●監査プログラムを管理する

22 内部監査プログラムの管理手順―計画段階―

計画段階―PLAN―

監査依頼者―Audit Client―

監査プログラムの策定
- 内部監査システムの確立
  ―内部監査規定制定―
  ―内部監査年度実施計画の作成―

内部監査の開始
- 内部監査の目的・範囲・基準の明確化
- 監査チームの選定
  ―チームリーダー・メンバーの選定―
- 被監査者との最初の連絡
  ―内部監査の日程提案―

監査員―Auditor―

文書レビューの実施
- マニュアル、規定類レビュー
  ―監査基準に照らし妥当性判定―
  ―個々の内部監査実施計画作成情報入手―

監査活動の準備
- 個々の内部監査実施計画の作成
  ―監査を受ける組織、日時、場所―
- 監査チームへの作業の割当て
  ―客観性・公平性を確保―
- 作業文書の作成
  ―監査チェックリストの作成―
  ―是正処置要求・回答書の作成―
  ―監査報告書の書式準備―

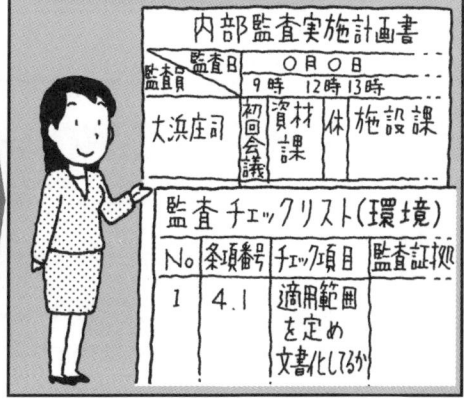

次頁へつづく

23 内部監査プログラムの管理手順
―実施段階・フォローアップ段階―

| 監査員－Auditor－ | 被監査員－Auditee－ |

実施（現地監査活動）段階―DO―

初回会議開催 ● Opening meeting ●
- 監査員・被監査者の両者による監査内容の事前確認
  －監査実施計画の確認、監査活動をどう実施するかの要点の紹介－

情報の収集・検証 ● Colecting evidence ●
- 被監査者との面談により、適合・不適合・推奨事項の証拠を収集・検証
  －検証可能な情報だけを監査証拠とする－
  －監査証拠は入手可能な情報からサンプリングし、記録する

監査所見作成
- 監査基準に照し監査証拠を評価
  －適合・不適合・推奨事項の判定－

監査結論作成
- 監査証拠を監査目的に照しレビュー
  －監査チームが出した監査の結論－

最終会議開催 ● Closing meeting ●
- 被監査者へ監査所見・監査結論を提示し合意を得る

フォローアップ段階―Follow-up―

内部監査報告書作成
- 監査所見・監査結論の記録

是正計画作成
- 是正処置案の作成

是正計画評価
- 現状の処置・暫定処置・恒久処置・塑及処置

是正処置実施
- 是正処置の実施完了

フォローアップ ● Follow-up ●
- 是正処置の実施・効果の確認－フォローアップ監査を行うことがある－

内部監査完了
- フォローアップ結果の記録

第4章

内部監査とその構成

この章では、内部監査の目的と内部監査の構成について理解しましょう。

(1) 内部監査には、ISO9001規格の品質マネジメントシステム監査とISO14001規格の環境マネジメントシステム監査があります。
(2) 内部監査は、PDCAのC、つまりチェック機能であり、マネジメントシステムの成長と共に進化することが大切です。
(3) 内部監査には適合性の検査と有効性の検証があり、適合性の検証にとどまらず、計画した結果が得られているか否かの有効性の検証を主体とするとよいです。
(4) さらに内部監査は、経営指標の達成を検証する成果監査へと飛躍することが望ましいです。
(5) 内部監査は、監査依頼者、監査員、被監査者で構成され、それぞれの役割と責任があります。

24 内部監査とはどういうものか

■**内部監査は体系的で独立したプロセスである**

　品質及び環境マネジメントシステムにおける**内部監査**とは、組織が定めた品質及び環境マネジメントシステム監査基準が満たされている程度を判定するために、監査証拠を収集し、それを客観的に評価するための体系的で、独立し、文書化されたプロセスをいいます。

■**内部監査はマネジメントシステム監査である**

　内部監査は、組織が定めた品質方針・環境方針、環境目的及び品質・環境目標への準拠を確保し、顧客満足、環境保全という目的のために、組織の品質及び環境マネジメントシステムの体制・管理が正しく運営されているか否かを監査証拠によって立証し公平、客観的に評価を行う経営管理の一環をいいます。

　内部監査は、**品質及び環境マネジメントシステム監査**を要求されております。

　　　―監査基準ISO9001規格・ISO14001規格―

■**内部監査は要求事項への適合を検証する**

　内部監査では、組織の品質及び環境マネジメントシステムが、ISO9001規格、ISO14001規格の要求事項に適合しているか否かを検証します。

　また、品質マニュアル、環境マニュアル、規定など組織のマネジメントのために計画された取決め事項に適合しているか否かを検証します。そして、品質及び環境マネジメントシステムが効果的に実施され、維持されているかを検証します。

■**監査プロセスの客観性・公平性を確保する**

　内部監査では、監査員が監査の対象となる活動に関する責任を負っていないことで、監査プロセスの客観性・公平性を確保します。

■**内部監査の結果は経営層に報告する**

　内部監査の結果は、経営層に報告し、マネジメントレビューのインプットにします。

25 内部監査はシステムの成長と共に進化させる

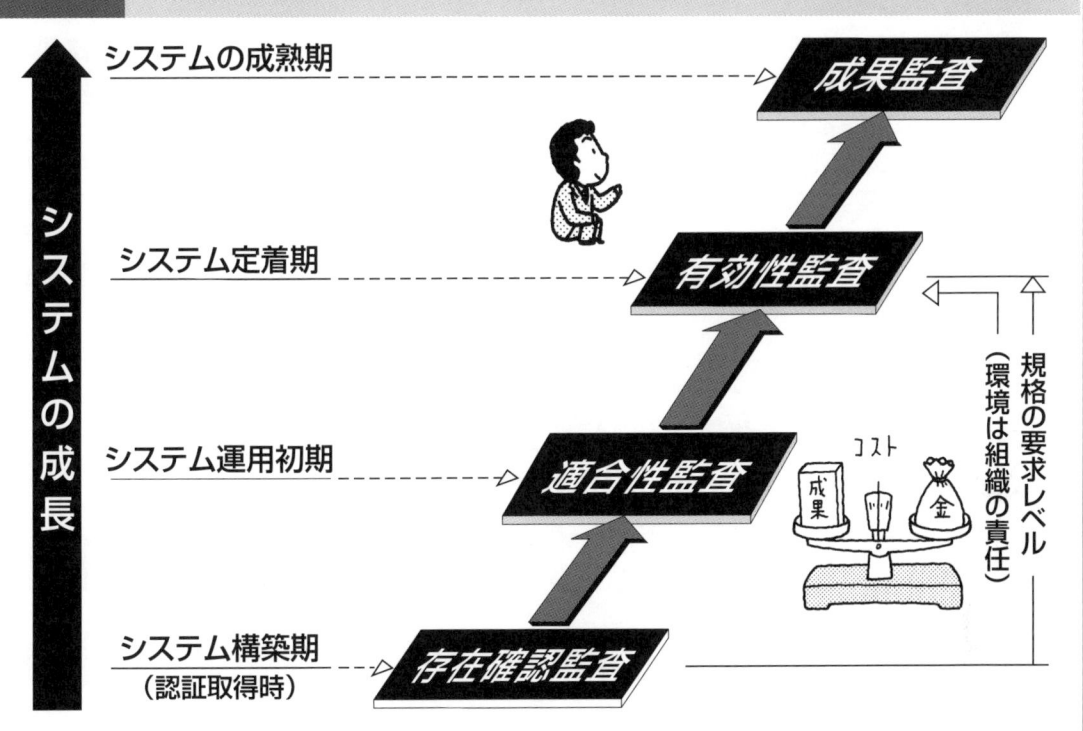

システムの成長 ↑
- システムの成熟期 ……→ 成果監査
- システム定着期 ……→ 有効性監査
- システム運用初期 ……→ 適合性監査
- システム構築期（認証取得時）……→ 存在確認監査

規格の要求レベル（環境は組織の責任）

コスト（成果・金）

■内部監査はシステムの成長と共に進化させる
　組織が、認証取得にあたり、品質マネジメントシステム、環境マネジメントシステムを構築し、運用し、年月の経過により成長するに伴い内部監査も進化させるとよいです。
- マネジメントシステム構築期の内部監査はマネジメントシステムが有るか、無いかの**存在確認の監査**が主体です。
- 認証を取得してマネジメントシステムの運用がスタートした段階での内部監査は**適合性の検証**（28項参照）が主体となるでしょう。
- 運用の年月が経過して、マネジメントシステムの定着期での内部監査は**有効性の検証**（30項参照）を主体に行うとよいでしょう。
- 成熟期での内部監査は主体をシステム監査から**成果監査**へと進化させるとよいです。
　―定着期・成熟期になっても、適合性の検証から抜き切れず、有効性の検証を主体とする内部監査を行っていない組織があります―

■内部監査は費用に見合う成果が得られているか
　内部監査では、監査依頼者、監査員、被監査者が、それぞれの役割（33項参照）を果たしています。
　これら内部監査を構成する人達が、内部監査に関する業務に要した時間に対する費用を人件費といいます。
　内部監査には、次のような費用が掛ります。
- **監査依頼者・監査プログラム管理責任者の人件費**
- **内部監査員の教育費**
- **内部監査員の内部監査に要した人件費**
　―監査に要した時間×時間当りの費用―
- **被監査者の内部監査に要した費用**
　―監査に要した時間×時間当りの費用―
　このように内部監査の実施には、費用が掛かりますので、その要した費用に見合う成果を得ることが、監査当事者に求められています。

26 内部監査はPDCAのチェック機能である

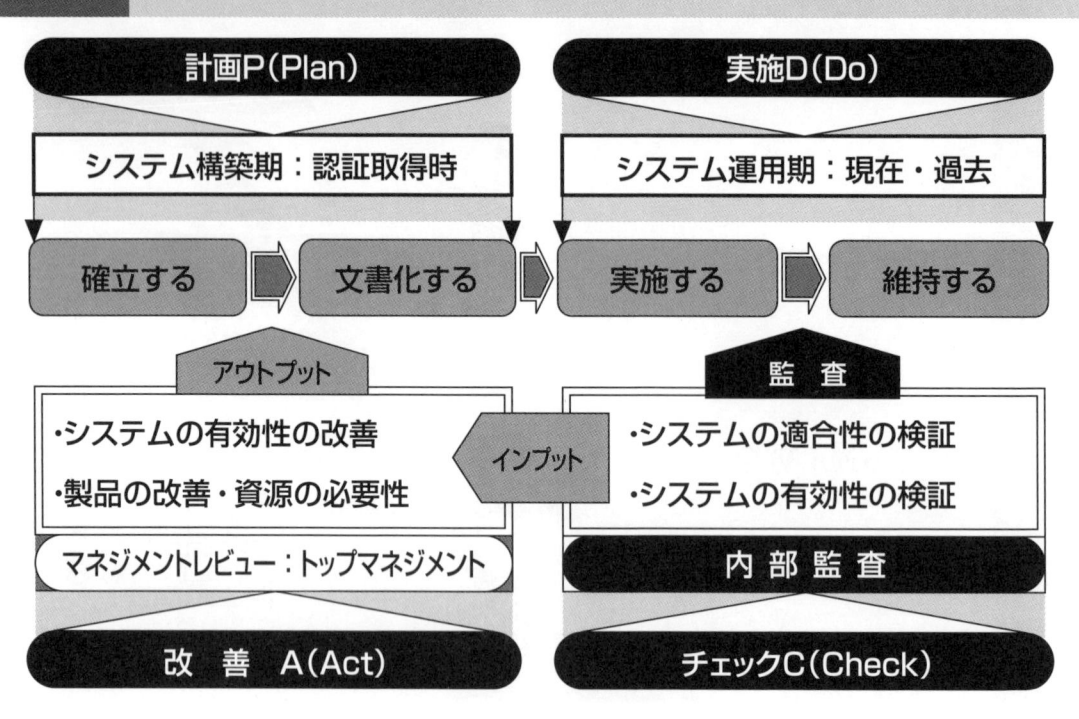

```
計画P(Plan)                              実施D(Do)
システム構築期：認証取得時              システム運用期：現在・過去
確立する → 文書化する  →  実施する → 維持する
          アウトプット                    監査
・システムの有効性の改善  ← インプット   ・システムの適合性の検証
・製品の改善・資源の必要性               ・システムの有効性の検証
マネジメントレビュー：トップマネジメント    内部監査
改　善　A(Act)                          チェックC(Check)
```

■品質・環境マネジメントシステムの基本

　品質マネジメントシステム、環境マネジメントシステムの基本は、ISO9001規格及びISO14001規格の要求事項に従って、マネジメントシステムを"**確立し、文書化し、実施し、維持する**"ことです。

■内部監査はPDCAのチェック機能である

　品質及び環境マネジメントシステムの基本をPDCAのサイクルに当てはめますと、マネジメントシステムの確立・文書化は、主に認証取得時に行われ、計画P(Plan)であり、認証取得後のマネジメントシステムの実施・維持は、実施D(Do)といえます。

　認証取得時は、そのシステムが実際に機能するのかを、又、認証取得後は、規格を十分理解されないときに確立したシステムをチェックC(Check)するのが内部監査です。

■定着期・成熟期の内部監査の機能

　認証取得して年月が経過し、マネジメントシステムが定着期・成熟期に入っている組織では、システムを立上げ確立した初代の人は在籍せず、2代、3代の人が運用しています。

　一般に、2代、3代の人は、認証取得時に運用の実績をもたずに確立したマネジメントシステムに問題があることを認識していることが多いです。内部監査は、これらの人からの改善の情報を得る良い機会といえます。

■内部監査の結果はマネジメントレビューのインプット情報になる

　トップマネジメントは、内部監査の結果などをインプット情報として、方針・目標の変更の必要性、マネジメントシステムの有効性の改善、製品の改善、資源の必要性に関する決定及び処置を行います。

第4章◉内部監査とその構成

27 内部監査はマネジメントシステム監査である

内部監査―監査員・被監査者は同じ組織―

内部監査はマネジメントシステム監査

内部監査 ― マネジメントシステム監査
 ├ 品質マネジメントシステム監査
 └ 環境マネジメントシステム監査

品質と環境の規格が求める内部監査

- ISO9001の内部監査 → 要求事項 適合性の検証／要求事項 有効性の検証
- ISO14001の内部監査 → 要求事項 適合性の検証／組織の責任 有効性の検証

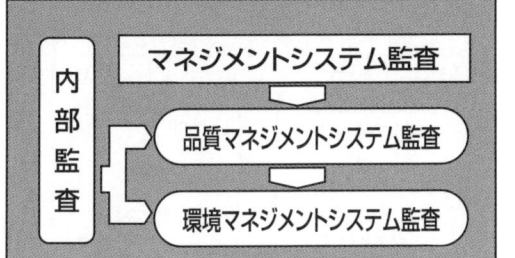

■内部監査は当事者監査ともいう

　内部監査は、**第一者監査**(8項参照)又は**当事者監査**ともいいます。

　内部監査は、自組織のマネジメントシステムを自組織の独立した監査員(内部監査員)によって、同じ組織の他の部門を監査します。
　―監査員は自分の仕事は監査しない―

■内部監査はマネジメントシステム監査である

　内部監査は、組織が定められた品質マネジメントシステムの監査基準又は環境マネジメントシステムの監査基準が満たされている程度を判定するために、監査証拠を収集し、それを客観的に評価するための体系的で、独立し、文書化されたプロセスをいいます。

　内部監査には対象により品質マネジメントシステム監査と環境マネジメントシステム監査があり共にマネジメントシステムを監査するので**マネジメントシステム監査**です。

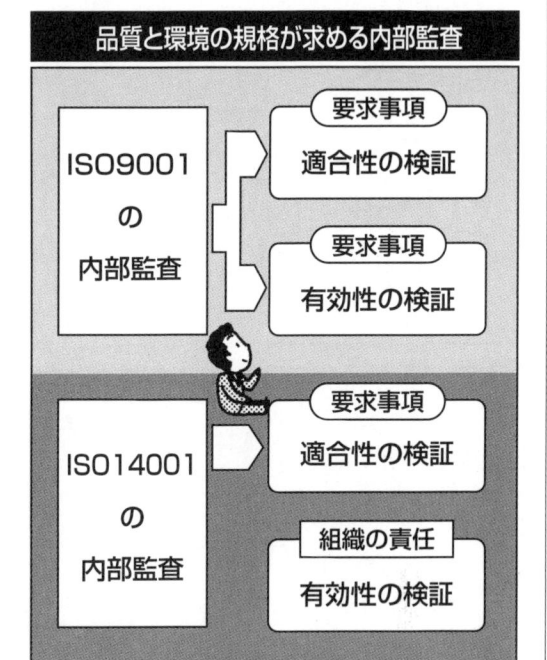

■品質と環境の規格が求める内部監査

　ISO9001規格の8.2.2項で求めている内部監査は"**適合性の検証**"(28項参照)と"**有効性の検証**"(30項参照)を要求事項としています。

　ISO14001規格の4.5.5項で求めている内部監査は"**適合性の検証**"を要求事項とし、"**有効性の検証**"を要求事項としていません。

　つまりISO14001規格では、有効性の検証は、組織が自主的に判断するのであって、認証機関の第三者審査(10項参照)での適合の対象となる審査基準としないということです。

　環境マネジメントシステムは、PDCAのサイクル(26項参照)を構成して、その継続的改善の結果として環境パフォーマンスを改善することにあります。

　したがって組織の責任において、内部監査で環境マネジメントシステムの有効性の検証を行うことを推奨いたします。
　―組織にとって有効性の改善は必要である―

28 適合性の検証は要求事項への適合を確認する

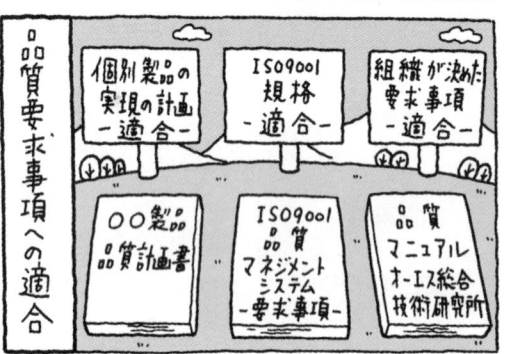

■適合・不適合とは

適合とは、要求事項を満していることをいいます（ISO9000、3.6.1項）。

不適合とは、要求事項を満していないことをいいます（ISO9000、3.6.2項）。

ここで、**要求事項**とは、ISO9001規格、ISO14001規格の要求事項だけでなく、顧客要求事項、法令・規制要求事項、組織固有の要求事項、製品（サービス）の要求事項などをいいます。

■ISO14001内部監査の適合性の検証

適合性の検証は、組織の環境マネジメントシステムについて、次の事項を決定します。
- ISO14001規格の要求事項を含めて、組織の環境マネジメントのために計画された取り決め事項に適合しているか。
- 適切に実施されており、維持されているか。

■ISO9001内部監査の適合性の検証

適合性の検証は、組織の品質マネジメントシステムの次の事項が満されているか否かを明確にすることです。
- 品質マネジメントシステムが、ISO9001規格7.1項の"製品実現の計画"に適合しているか。
―組織の顧客関連、設計・開発、購買、製造及びサービス提供のプロセスが、規格の7.1項（製品実現の計画）に適合しているか―
- ISO9001規格の要求事項に適合しているか。
―組織が作成した品質マニュアル・規定類の内容が規格の要求事項に適合しているか―
- 組織が決めた品質マネジメントシステム要求事項に適合しているか。
―品質マニュアル・規定類に定めたとおりに業務を行っているか―

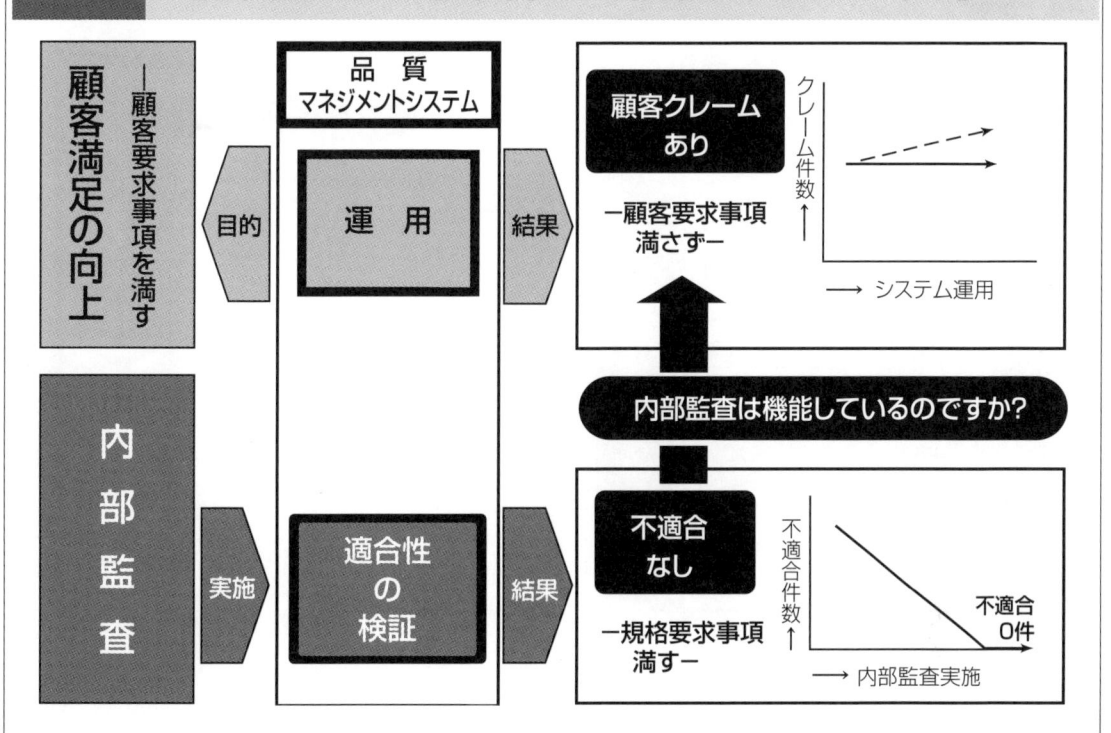

29 内部監査は適合性の検証のみで十分か

[図：顧客満足の向上（顧客要求事項を満す）→ 品質マネジメントシステムの運用 → 結果：顧客クレームあり（顧客要求事項満さず）／クレーム件数増加傾向。内部監査 → 適合性の検証 → 結果：不適合なし（規格要求事項満す）／不適合0件。内部監査は機能しているのですか？]

■内部監査では不適合がなくなる傾向にある

一般に、認証取得期及びマネジメントシステムの運用初期での内部監査では、不適合が検出されます。

年月の経過により、マネジメントシステムが定着期、成熟期になりますと、内部監査では不適合がなくなる傾向にあります。

この定着期、成熟期では、認証取得期に作成したマニュアルを含む文書類は、ほとんど変らない場合が多いので、**文書監査**（18項参照）で不適合はほぼ検出されないといえます。

また、この定着期、成熟期での内部監査の適合性の検証は、決められた要求事項どおり、組織の要員が日常の業務を実施、維持しているか否かを検証することになります。それには、**現場監査**（18項参照）を主体にするとよいです。

組織の要員が"**決めたルールは必ず順守する**"という認識をもつならばシステムの実施、維持の現場監査では不適合がなくなります。

■内部監査は適合性の検証のみで十分か

内部監査で適合性の検証のみしか行っていない組織では、左記の理由で不適合がなくなります。ということは規格の要求事項を満たしていることを意味します。

しかし、結果として顧客クレームがあるということは、内部監査で規格要求事項への適合性のみを検証していたのでは、顧客満足の向上がされないことがあるということです。

これは、ISO9001：2008規格の解説に"output Matters"として次のように示されています。"ISO9001が提示する品質マネジメントシステムは、要求事項を満たした製品を一貫して提供し、顧客満足を向上させるためのものであると適用範囲に規定されているにもかかわらず、現実にはISO9001に適合していると判断されていても要求事項を満たす製品を提供できないことがある"ということです。―問題提起―

30 内部品質監査はシステムの有効性を検証する

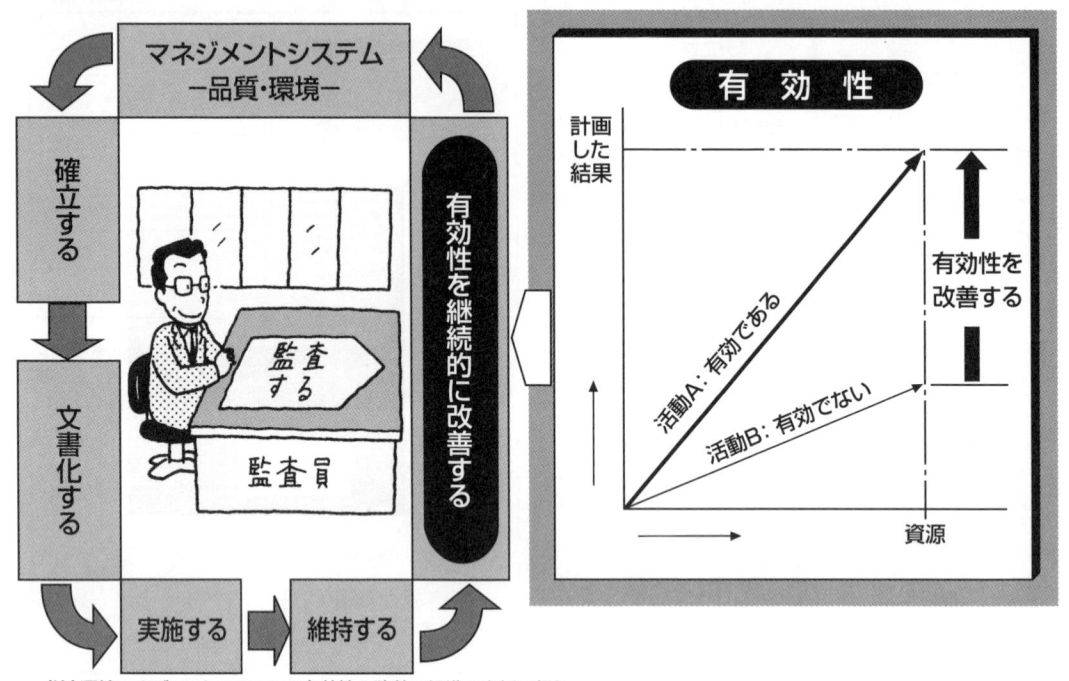

(注)環境マネジメントシステムの有効性の改善は組織の責任で行う

■内部品質監査では有効性の検証は要求事項

ISO9001：2008規格の4.1項の一般要求事項に"品質マネジメントシステムの有効性を継続的に改善しなければならない"と有効性が要求されており、又、8.2.2項(内部監査)では"品質マネジメントシステムが効果的に実施され、維持されているか"と有効性の検証が求められています。

それでは、有効性とは、どういうことかから、説明しましょう。

■有効性とは

有効性とは、計画した活動が実行され、計画した結果が達成された程度をいいます（ISO9000、3.2.14項）。

つまり、活動を実行して、計画した結果が達成されていれば活動は有効であり、達成されない場合は、有効でないということです。

■品質マネジメントシステムの有効性とは

ISO9001：2008規格の解説に、"品質マネジメントシステムの有効性という語句が用いられるときは、"常に顧客要求事項及び法令・規制要求事項に合致した製品を供給することに対する達成程度を意味する"とあります。

また、品質マネジメントシステムの有効性とは"一貫して適合した製品を提供する組織の能力の有効性"などの有効性の定義の提案があったことが示されています。

■内部監査における有効性の検証とは

組織が設定した品質目標が、達成するための活動が適切に行われ、計画どおりの結果が得られているかも有効性の検証の一つです。

品質目標が達成されていなければ、その活動は有効でないのですから、達成するように活動計画を再度策定することです。

第4章●内部監査とその構成

31 内部監査は経営者の視点に立って行う

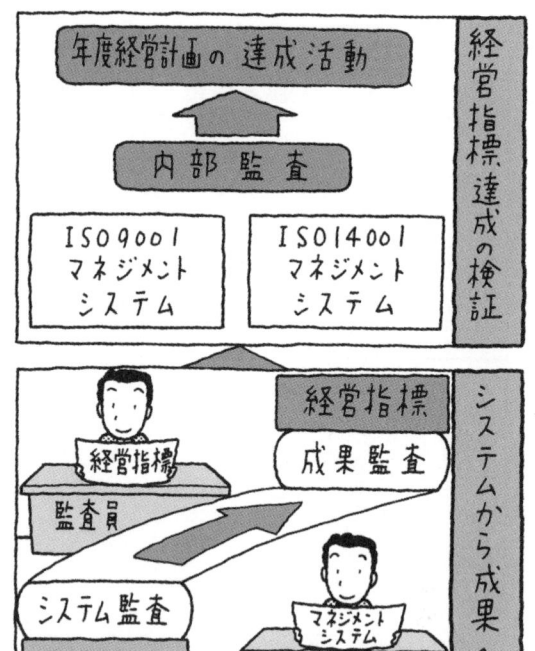

■内部監査員は経営者から監査を依頼される

　内部監査員は、監査依頼者である組織のトップマネジメント、つまり経営者から依頼されて内部監査を実施します。

　これは、内部監査員が経営者に代わって監査をするということです。したがって、内部監査員は、自分が経営者ならどのような情報の入手を期待するかという経営者の視点から監査するのもよいでしょう。

■システム監査から成果監査への飛躍

　内部監査は、自組織の改善のための道具ですから、システムの成熟期の組織では、システムの監査から、その活動の結果である成果を監査する成果監査へと飛躍することです。

　内部監査には、システムを検証して結果を良くする方法と、結果を検証してシステムを良くする方法があるのではないでしょうか。

■経営指標の達成の可能性を検証する

　内部監査員は、品質及び環境のマネジメントシステムのシステム監査だけでなく、成果監査の一つとして、経営者の視点から、中期経営計画に基づく年度経営計画の目標達成のための活動が、効果的に行われているか否かを検証してみるのもよいでしょう。

■経営者が監査員として内部監査する

　経営者が、自から監査員となって、大局的、長期的な経営的成果を含めて、経営者の目線で内部監査をしてみるのもよいでしょう。

　経営者は、日常、管理職から多くの情報を得ていますが、内部監査では、現場で働く従業員の生の声を聞く機会となります。

　これにより、直接、自身の経営方針の浸透の状況、働く現場における業務・活動上の問題点などの多くの情報が得られます。

43

32 監査は監査依頼者・監査員・被監査者で構成される

■**監査は監査側と被監査側で構成される**

監査は、監査を行う監査側と監査を受ける被監査側によって構成され、両者の合意と協力によって成り立っています。

この監査側と被監査側を総称して、監査当事者といいます。

そして、監査側は、監査依頼者(Audit Client)と監査員(Auditor)からなり、被監査者(Auditee)は、監査される組織をいいます。

■**内部監査の監査依頼者はトップマネジメント**

監査依頼者とは、監査を要請する組織又は人をいいます(ISO9000、3.9.7項)。

内部監査の監査依頼者は、組織が保有する品質マネジメントシステム及び環境マネジメントシステムの健全性を自から確保するために内部監査を目論み実施を依頼する組織のトップマネジメントです。

■**内部監査を管理する組織が必要である。**

トップマネジメントは、内部監査を品質マネジメントシステム及び環境マネジメントシステムを一貫して管理するために、監査プログラム管理責任者(19項参照)を任命します。

——一般に、管理責任者が、その任に当り、その下に内部監査事務局を設けることがある——

■**監査員は監査を行う人をいう**

監査員とは、監査を行うための実証された個人的特質及び力量をもつ人をいいます(ISO9000、3.9.9項)。

個人的特質及び力量については、第5章に説明してあります。

■**被監査者は監査を受ける組織をいう**

被監査者とは、監査される組織をいいます(ISO9000、3.9.8項)。

33 監査依頼者・監査員・被監査者の役割と責任

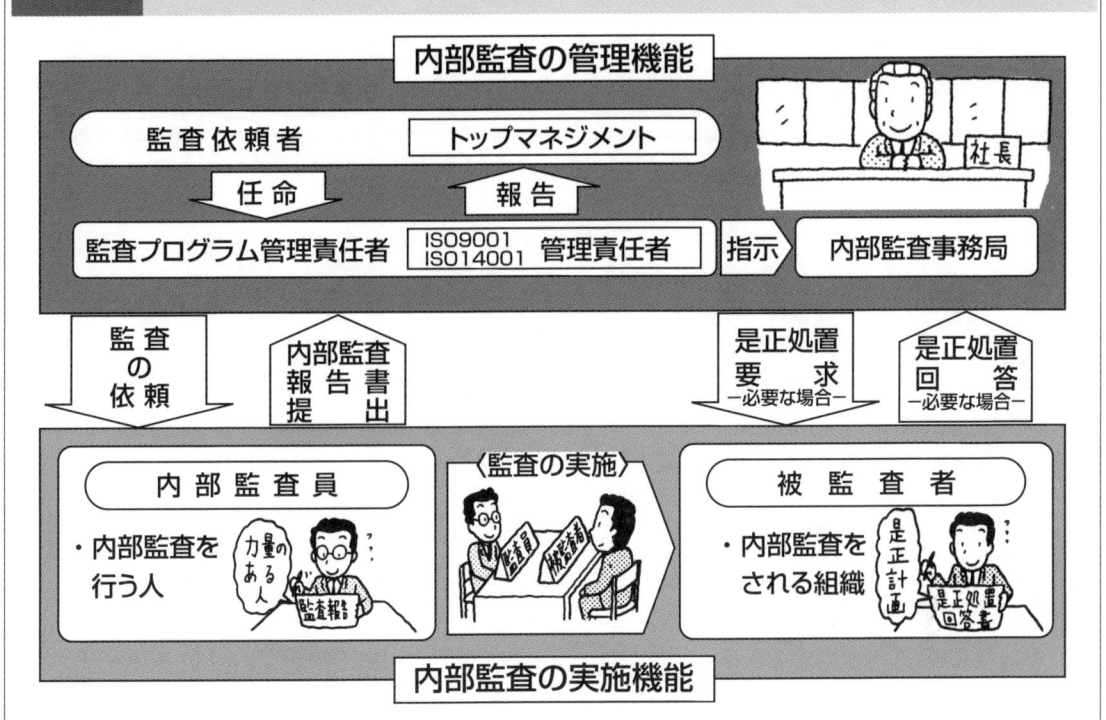

内部監査の管理機能

監査依頼者 — トップマネジメント
↓任命　↑報告
監査プログラム管理責任者 ISO9001/ISO14001 管理責任者 →指示→ 内部監査事務局

- 監査の依頼
- 内部監査報告書提出
- 是正処置要求 －必要な場合－
- 是正処置回答 －必要な場合－

〈監査の実施〉

内部監査員
・内部監査を行う人

被監査者
・内部監査をされる組織

内部監査の実施機能

■内部監査における監査依頼者の役割と責任
監査依頼者の役割と責任を、次に示します。
- 監査プログラム（3章参照）に従い、内部監査の実施の必要性を決定する。
- 監査の目的、基準、範囲を決定する。
- 監査を実施するのに適切な資源を提供する。
- 年度内部監査実施計画を承認する。
- 監査チームの編成を承認する。
- 監査実施計画をレビューし、承認する。
- 監査報告書を受理し、承認する。

■監査プログラム管理責任者の役割と責任
- 年度内部監査実施計画を策定する。
- 監査チームリーダー、メンバーを選定し、監査チームを編成する。
- 監査で不適合が検出されたら被監査者に是正処置を要求しフォローアップを指示する。
- 監査依頼者に監査の結果を報告する。

■内部監査における監査員の役割と責任
監査員の役割と責任を、次に示します。
- 監査の目的、基準、範囲に基づき、監査実施計画を策定する。
- 被監査者と面談し、監査証拠を収集し、監査所見を作成し、監査結論をまとめる。
- 監査報告書を作成する。
- 是正処置をフォローアップする。

■内部監査における被監査者の役割と責任
被監査者の役割と責任を、次に示します。
- 関係要員に監査の目的・範囲を周知する。
- 監査チームが必要とする設備、要員、関連する情報・記録に接しられるようにする。
- 監査チームメンバーに同伴する有能なスタッフを指名する。
- 監査目的達成のため監査チームに協力する。
- 不適合に対し是正処置を決定し実施する。

34 監査依頼者・監査員・被監査者に期待すること

監査依頼者への期待	監査員への期待	被監査者への期待
－内部監査員の教育重視－	－マネジメント能力の向上－	－改善情報を得る－
－被監査者を責めない－	－現状打破の立役者－	－部下に規定を読ませる－

■監査依頼者に期待すること
- **内部監査員の力量向上の教育を重視する**
  内部監査が効果的に実施されるか否かは、監査員の力量によるので、認証取得時だけでなく、認証取得後においても監査員の力量向上のための教育は必要不可欠といえます。
- **不適合が多いことを責めない方がよい**
  被監査者に不適合が多いからといって厳しく責めると、不適合を隠ぺいされる可能性があります。是正処置を適確にとることです。

■内部監査員に期待すること
- **内部監査を自分の仕事として行う**
  内部監査を行うことは、自分の業務に対するマネジメント能力の向上になります。
  －業務の上流側を監査すると、自分の業務に及ぼす影響を確認できる－
  －業務の下流側を監査すると自分の業務の成果がどう活かされているか確認できる－
- **内部監査員はシステム普及の立役者**
  認証取得時では、監査員は組織内へのマネジメントシステムの普及の役割をします。
  取得後では、内部監査員はマンネリ化したシステムの現状打破の立役者といえます。

■被監査者に期待すること
　内部監査を受身でなく活用することです。
- **内部監査は自職場改善情報を得るチャンス**
  内部監査は、客観性を重視しており、監査員が他人の目線で検証するので、普段気付かなかった改善情報が得られます。
- **内部監査は部下に規定を読ませるチャンス**
  認証取得後、人事異動・退職で代替りし、途中入社の要員の中には自分の業務に関する規定類を読んだことのない人もいますので、内部監査を読ませる機会とするとよいです。

第5章

内部監査員の力量の要件を知り育成する

　この章では、内部監査員に必要な力量の要件と、その力量に到達するための教育・訓練について理解しましょう。

(1) 内部監査員の力量は、個人的特質、教育、実務経験、監査員訓練、監査経験により得ることができます。
(2) 内部監査員の個人的特質としては、倫理的、外交的、自立的、観察力、決断力、適応性、粘り強さなどが求められています。
(3) 内部監査員としての力量を得るための教育体系を示してありますので、活用しましょう。
(4) 内部監査員に必要な知識・技能には、品質・環境に共通な知識・技能、品質・環境それぞれに特有な知識・技能、そして、監査に関する知識・技能があります。
(5) 内部監査員の力量の領域、その特定と評価基準について具体的に記してあるので、活用しましょう。

35 内部監査員に求められている力量

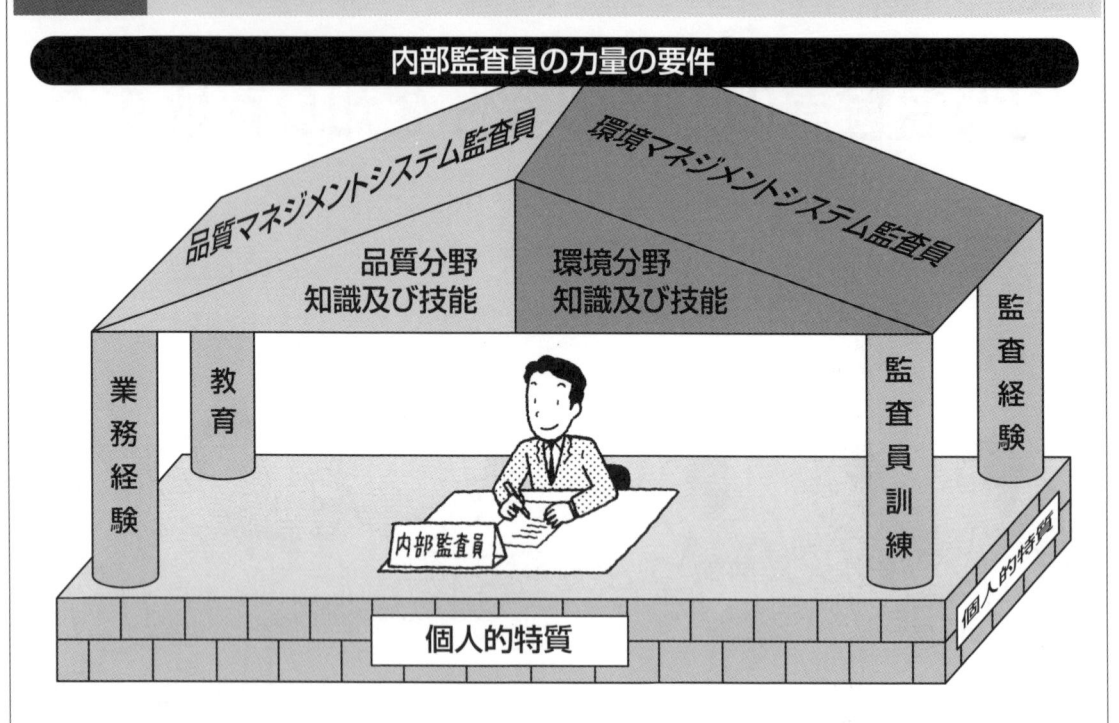

内部監査員の力量の要件

図：内部監査員を中心に、屋根として「品質マネジメントシステム監査員」「環境マネジメントシステム監査員」、その下に「品質分野 知識及び技能」「環境分野 知識及び技能」、4本の柱として「業務経験」「教育」「監査員訓練」「監査経験」、土台として「個人的特質」

■内部監査員の力量の要件

　内部監査が効果的に実施されるか否かは、それを行う監査員の力量に掛かっています。

　力量を得るための手段としては、監査員自身の個人的特質のベースの上に、4本の柱として教育・業務経験・監査員訓練・監査経験があります。これらにより品質又は環境分野の知識、技能を習得するとよいでしょう。

■内部監査員自身の個人的特質

　個人的特質としては、心が広く、知覚が鋭く、粘り強くて、観察力・決断力・適応性があり、倫理的・外交的・自立的であることが望ましいとされています(36項参照)。

　この個人的特質によって、内部監査員に向く人と、向かない人がいるということです。

■教育

　内部監査員は高等学校程度の基礎学力についての教育を修了しているのが望ましいです。

■業務経験

　品質に関係する方法・技法、監査対象プロセス・サービスを含む製品に関する業務経験(40項参照)、又は環境マネジメントの方法・手法、環境技術に関する業務経験(40項参照)があることが望ましいです。

■監査員訓練

　監査の原則(3項参照)、監査の手法、品質又は環境マネジメントシステム・基準文書、組織の状況、品質又は環境分野に適用される法律・規制、品質又は環境の特有の知識、技能についての訓練(39・40項参照)を組織内又は外部で修了しているのが望ましいです。

■監査経験

　監査経験は品質分野、環境分野の監査チームリーダーの指導のもと訓練中の監査員として経験(例：3回)を積むことが望ましいです。
　―内部監査導入時では経験は難しい―

36 内部監査員として望ましい個人的特質

内部監査員として望ましい個人的特長　－ISO19011、7.2項－

望ましい内部監査員
- 倫理的である
- 心が広い
- 外交的である
- 知覚が鋭い
- 観察力がある
- 適応性がある
- 粘り強い
- 決断力がある
- 自立的である

■**内部監査員として望ましい個人的特質**

　内部監査員が備えていることが望ましい個人的特質の例を示すと、次のとおりです。
　―あなたは、このうちいくつお持ちですか―

- **倫理的である**　公正である、信用できる、誠実である、正直である。そして分別がある。
  ―倫理とは、人として踏み行うべき道をいう―
- **心が広い**　別の考え方又は視点を進んで考慮する。
  ―自分の考え方、経験に固執せず、柔軟性をもつ―
- **外交的である**　目的を達成するように人と上手に接する。
  ―社交性を持ち、良好な人間関係を保つ―
- **知覚が鋭い**　状況を直感的に認知し、理解できる。
  ―知識・技能・経験を活し"感"を磨く―
- **観察力がある**　物理的な周囲の状況及び活動を積極的に意識する。
  ―重要事項を見い出せるよう、前向きに注意を払う―
- **適応性がある**　異なる状況に容易に合わせる
  ―状況の変化に迅速に、柔軟に対応できる―
- **粘り強い**　根気があり、目的の達成に集中する。
  ―警戒心が強く、消極的な人又は攻撃的な人から情報を得る辛抱強さを持つ―
- **決断力がある**　論理的な思考及び分析に基づいて、時宜を得た結論に到達する。
  ―公正不偏の態度を保持し、専門的判断に基づき決断する―
- **自立的である**　他人と効果的なやりとりをしながらも独立して行動し、役割を果たす。
  ―監査証拠に基づかない圧力に屈することなく責務を全うする信念を持つ―

37 内部監査員として望ましくない個人的特質

相手を押え込む性格：高圧的／威圧的／独断的／説教的

相手と張り合う性格：対決的／論争的／感情的／攻撃的

■ 内部監査員として望ましくない個人的特質

内部監査員として不向きな望ましくない個人的特質の例を、次に示します。

―あなたは思いあたるところはないですか―

- 高圧的
  自分は有能であると慢心し高圧的態度をとる。
- 独断的
  被監査者の意見を聞かず自分だけの一方的な考えで決断する。
- 説教的
  被監査者を下位にみて説教的な発言をする。
- 攻撃的
  被監査者を怒らせるなど攻撃的態度をとる。
- 感情的
  被監査者の発言に対し頭に血がのぼり怒る。
- 威圧的
  監査員は被監査者より上位にあると錯覚し、威圧的に発言する。
- 対決的
  被監査者としつこく議論するなどし対決する。
- 受動的
  監査に対して消極的で受け身である。
- 主観的
  裏付けなしに主観的に事象をみる。
- 論争的
  けんかぱやく、すぐ口論する。
- 時間にルーズ
  監査時間を守らない。
  ―早過ぎる・遅過ぎる―
- 感性が鈍い
  被監査者の感情を見過ごし感情を逆なでする。
- 細かすぎる
  細かいところにこだわり重箱の隅ばかり突く。
- 圧力に弱い
  上位職のプレッシャーに弱く相手により対応が変る。
- 一貫性がない
  いうことがころころ変りつかみ所がない。

38 内部監査員に力量を得るための教育をする

| 項目 | 教育手法 | 力量を得る手段 |

内部監査員の教育体系 —例—

- **教育対象者**
  - 内部監査員新人教育－養成教育
    - ●システム導入時の新人、運用時の補充教育
  - 既監査員教育－スキルアップ教育
    - ●内部監査員の力量レベルの維持・向上教育

- **教育方法**
  - 集合教育－多数の対象者を集め講師が教育
  - 自己啓発－自分で品質・環境文献学習
  - オーブザーバ制度－内部監査実施時に参加経験

- **教育機関**
  - 外部研修機関による教育
    - 公開コース（集合教育）
      - ●対象者を派遣受講
    - 企業訪問コース（集合教育）
  - 組織内研修教育 ── 講師派遣
    - 組織内講師による教育教育（集合教育）

- **教育内容**
  - 組織に関する教育（39項参照）
    - 自組織の状況の教育
    - 適用される法律・規制の教育
  - 監査に関する教育（41項参照）
    - 規格に関する教育
      - ●ISO9001規格、ISO14001規格
    - 監査プロセスに関する教育
    - 監査の実施に関する教育
    - 監査報告に関する教育
  - 品質に特有な知識に関する教育（40項参照）
    - 品質に関する方法・技法教育
    - プロセス・製品（サービス）教育
  - 環境に特有な知識に関する教育（40項参照）
    - 環境マネジメントの方法・技法教育
    - 環境科学・環境技術教育
    - 運用技術的側面・環境側面教育

力量を得る手段：監査員訓練 → 監査経験 ← 監査員訓練

内部品質監査員養成コース
内部品質監査の目的
・適合性の検証
・有効性の検証

39 内部監査員に必要な品質・環境に共通な知識・技能

項目 次の共通な知識及び技能を備えていることが望ましい ●ISO19011、7.3.1項●

監査の原則・手順及び技法

目的 ☆監査員は監査の原則、手順及び技法を適用し、一貫性のある体系的な監査を確実に行うことができる

- 監査の原則、手順及び技法を適用する
- 効果的に作業を計画し、必要な手配をする
- 合意した日程内で監査を行う
- 重要事項を優先し、重点的に取り組む
- 効果的な面談、聞き取り、観察、並びに文書、記録及びデータの調査によって、情報を収集する
- 監査のためにサンプリング技法を使用することの適切性及びそれによる結果を理解する
- 収集した情報の正確さを検証する
- 監査所見及び監査結論の根拠とするために、監査証拠が十分かつ適切であることを確認する
- 監査所見及び監査結論の信頼性に影響し得る要因を評価する
- 監査活動を記録するために作業文書を使う
- 監査報告書を作成する
- 情報の機密及びセキュリティを維持する

マネジメントシステム基準文書

目的 ☆監査員は、監査範囲を理解でき、監査基準を適用できる

- 組織への品質又は環境のマネジメントシステムの適用
- 品質又は環境のマネジメントシステムの構成要素間の相互作用
- 監査基準として用いる、品質又は環境のマネジメントシステム規格、適用される手順、マネジメントシステム文書
- 基準文書間の相違及び基準文書の優先順位の認識
- 様々な監査状況への基準文書の適用
- 文書、データ及び記録の承認、セキュリティ、配付及び管理のための情報システム及び情報技術

組織の状況

目的 ☆監査員は、組織の運営状況を理解できる

- 組織の規模、構造、機能及び相互関係
- 一般的な業務プロセス

法律・規制

目的 ☆適用される法律、規制の要求事項を認識することができる

- 地方、地域及び国の基準、法律及び規制
- 契約及び協定
- 国際条約及び国際協定
- 組織が同意しているその他の要求事項

40 内部監査員に必要な品質・環境に特有な知識・技能

| 項目 | 品質に特有な知識及び技能—内部品質監査員— ●ISO19011、7.3.3項● |

品質に関する方法及び技法

目的：☆内部品質監査員は、品質マネジメントシステムを調査し、適切な監査所見及び監査結論を導き出すことができる

- 品質用語（例：ISO9000 規格）
- 品質マネジメントの原則及びその適用
- 品質マネジメントツール及びその適用
  （例：統計的工程管理、故障モード影響解析など）

◀品質マネジメントの原則▶
a) 顧客重視
b) リーダーシップ
c) 人々の参画
d) プロセスアプローチ
e) マネジメントへのシステムアプローチ
f) 継続的改善
g) 意思決定への事実に基づくアプローチ
h) 供給者との互恵関係

プロセス及びサービスを含む製品

目的：☆内部品質監査員は、監査を実施している技術内容を理解できる

- 業界特有の用語
- プロセス及びサービスを含む製品の技術的特性
- 業界特有のプロセス及び慣習

| 項目 | 環境に特有な知識及び技能—内部環境監査員— ●ISO19011、7.3.4項● |

環境マネジメントの方法・手法

目的：☆内部環境監査員は、環境マネジメントシステムを調査し、適切な監査所見及び監査結論を導き出すことができる

- 環境用語（例：ISO14050 規格）
- 環境マネジメントの原則及びその適用
- 環境マネジメントツール
  （例：環境側面／環境影響の評価）

◀環境マネジメントの原則▶
原則1：約束及び方針　原則2：計画
原則3：実施及び運用　原則4：点検
原則5：マネジメントレビュー

環境科学技術

目的：☆内部環境監査員は、人間の活動と環境との基本的関係を理解できる

- 環境に対する人間の活動の影響
- 生態系の相互作用
- 環境媒体（例：大気、水、土地）
- 天然資源の管理（例：化石燃料、水、動植物相）
- 環境保全の一般的方法

技術的側面環境側面

目的：☆内部環境監査員は、活動、製品及び運用と環境との相互作用を理解できる

- 業界特有の用語
- 環境側面及び環境影響
- 環境側面の著しさを評価する方法
- 運用プロセス、製品の重要な特性
- 監視及び測定の技法
- 汚染の予防技術

41 内部監査に必要な監査に関する知識・技能

内部監査に関する知識及び技能 －内部監査員－

項目	知識及び技能〔例〕
規格に関する事項	●品質マネジメントの原則、環境マネジメントの原則、監査の原則 ●ISO9001規格、ISO14001規格の各箇条の意図及び要求事項 ●ISO9001規格、ISO14001規格が要求する文書(品質方針・環境方針、品質目標・環境目標、品質マニュアル・環境マニュアルとの相互関係) ●ISO9001、ISO14001の要求事項への適合性を実証するために必要な監査証拠の特定 ●プロセス、顧客重視及び継続的改善を含む品質マネジメントシステム又は環境マネジメントシステム全体の有効性の評価
監査プロセスに関する事項	●監査プロセスに適用されるISO19011規格(品質及び/又は環境マネジメントシステム監査のための指針:5項参照)の最新版の要求事項 ●内部監査における監査依頼者、監査員、被監査者の役割及び責任 ●監査プロセスにおける監査チームリーダー、メンバーの役割及び責任 ●監査プロセスのすべての段階における機密保持の必要性 ●第一者監査、第二者監査、第三者監査(審査)の機能
監査計画に関する事項	●ISO19011規格に従って、文書監査を監査のすべての局面についての実施計画 ●組織の品質マネジメント又は環境マネジメントの構成、適用除外を含む要求事項の概念 ●監査計画及び監査チームメンバーの選定 ●監査に使用するチェックリストの作成、利点及びリスク
監査の実施に関する事項	●ISO19011規格に従い、プロセスのすべての側面についての監査の実施 ●監査の初回会議及び最終会議の運営 ●効果的な対人関係の技能及び面談技法、これには質問を行う能力を含む ●監査証拠とするために、監査の過程でメモをとる必要性 ●監査におけるサンプリングの利点及びリスク ●特定の監査証拠をISO9001規格、ISO14001規格及び組織の品質マネジメントシステム又は環境マネジメントシステムの要求事項との関連付け
監査報告に関する事項	●監査結果をまとめ、記録し、監査証拠に基づく報告書の作成 ●監査中に収集した監査証拠の評価、監査所見及び監査結論としての報告書の作成 ●是正処置のプロセスの全段階における監査員及び被監査者の役割り及び責任 ●被監査者が作成した是正処置の実施状況及び有効性の評価

42 内部監査員の力量決定・評価プロセス－その1 －個人的特質、品質・環境の共通知識・技能－

力量の領域	力量の特定	力量の評価基準
個人的特質 ●個人的特質	●倫理的である、心が広い、外交的である、観察力がある、知覚が鋭い、適応性がある、粘り強い、決断力がある、自立的である。	●職場での十分なパフォーマンス －パフォーマンス評価－
品質・環境に共通の知識及び技能 ●監査の原則 ●監査の手順及び技法	●顔見知りの職場の同僚と意思疎通を図りながら、組織内部の手順に従って監査を行う能力	●内部監査員研修コースを修了している －研修記録のレビュー－ ●内部監査チームに訓練中の監査員として、例えば、3回の監査に参加している －監査記録のレビュー－
●マネジメントシステム及び基準文書	●マネジメントシステム（品質又は環境）のマニュアルの関連部分及び関係する手順を適用する能力	●監査の目的、範囲及び基準に関連するマネジメントシステム（品質又は環境）のマニュアルの手順を読んで理解している －研修記録・試験・面接－
●組織の状況	●組織の文化、組織構造及び報告体系の枠組の中で、効果的に業務を運営する能力	●その組織で監督者として1年以上働いた経験がある －雇用記録のレビュー－
●適用される法律、規制及びその他の要求事項	●プロセス、製品及び/又は環境への排出物に関係する該当法律及び規制の適用を特定し、理解する能力	●監査の対象となる活動及びプロセスに関連する法律についての研修コースを修了している －研修記録のレビュー－

注：ISO19011,7、6頁参照

－次頁へつづく－

43 内部監査員の力量決定・評価プロセス －その2－品質・環境に特有な知識・技能－

力量の領域		力量の特定	力量の評価基準
品質特有の知識及び技能	● 品質に関係する方法及び技法	● 組織内の品質管理方法を示す能力 ● 工程内試験及び最終試験の要求事項を区別する能力	● 品質管理方法の適用についての研修を修了している 　－研修記録のレビュー－ ● 工程内試験手順及び最終試験手順を職場で実際に用いていることを実証している 　－観察－
	● プロセス及びサービスを含む製品	● 製品、その製造工程、仕様及び最終的な使用方法を特定する能力	● 工程計画の策定担当者として生産計画に携わった経験がある 　－雇用記録のレビュー－ ● サービス部門に勤務した経験がある 　－雇用記録のレビュー－
環境特有の知識及び技能	● 環境マネジメントの方法及び手法	● 環境パフォーマンスの評価方法を理解する能力	● 環境パフォーマンス評価に関する研修を修了している 　－研修記録のレビュー－
	● 環境科学及び環境技術	● 組織が使用している汚染の予防の方法及び汚染管理の方法が組織の著しい環境側面にどのように対応しているのかを理解する能力	● 類似の製造環境で、汚染の予防及び管理について、6カ月以上の業務経験がある 　－雇用記録のレビュー－
	● 運用の技術的側面及び環境側面	● 組織の環境側面及びそれらの影響〔例：原材料、その相互の反応、原材料が漏えい又は流出した際の環境への潜在的影響〕を認識する能力 ● 環境事故に適用される緊急事態対応手順を評価する能力	● 原材料の貯蔵、混合、使用、廃棄及びそれらの環境影響についての組織内の研修コースを修了している 　－研修記録のレビュー－ ● 緊急事態対応計画の研修を修了し、緊急事態対応チームのメンバーとしての経験がある

注：ISO19011,7,6頁参照

第**6**章

内部監査に関する規格の要求事項を知る

　この章では、ISO9001規格及びISO14001規格における内部監査に関する要求事項を理解しましょう。

(1) ISO9001規格における内部監査は、品質マネジメントシステムのチェック機能の役割りを果たしています。
(2) ISO9001：2008規格、8.2.2項（内部監査）の要求事項を要素に分解して、詳しく解説してあります。
(3) ISO14001規格における内部監査は、環境マネジメントシステムのチェック機能の役割りを果たしています。
(4) ISO14001：2004規格、4.5.5項（内部監査）の要求事項を要素に分解して、詳しく解説してあります。

44 品質マネジメントシステムの内部監査の役割

内部監査は品質マネジメントシステムにおけるチェック機能である

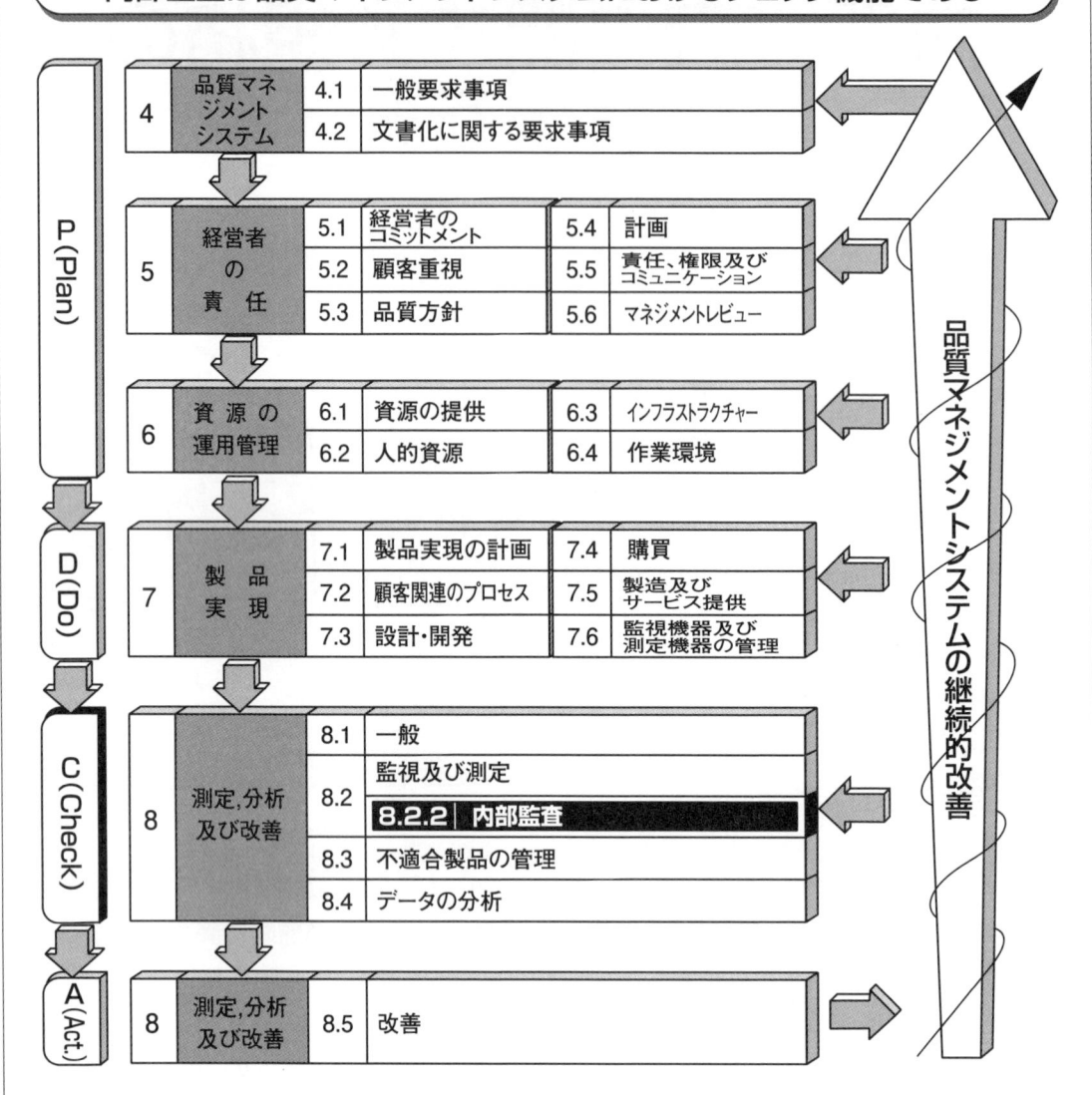

P(Plan)	4	品質マネジメントシステム	4.1 一般要求事項		
			4.2 文書化に関する要求事項		
	5	経営者の責任	5.1 経営者のコミットメント	5.4	計画
			5.2 顧客重視	5.5	責任、権限及びコミュニケーション
			5.3 品質方針	5.6	マネジメントレビュー
	6	資源の運用管理	6.1 資源の提供	6.3	インフラストラクチャー
			6.2 人的資源	6.4	作業環境
D(Do)	7	製品実現	7.1 製品実現の計画	7.4	購買
			7.2 顧客関連のプロセス	7.5	製造及びサービス提供
			7.3 設計・開発	7.6	監視機器及び測定機器の管理
C(Check)	8	測定,分析及び改善	8.1 一般		
			8.2 監視及び測定		
			8.2.2 内部監査		
			8.3 不適合製品の管理		
			8.4 データの分析		
A(Act.)	8	測定,分析及び改善	8.5 改善		

品質マネジメントシステムの継続的改善

- ISO9001：2008規格における品質マネジメントシステムでの内部監査(8.2.2項)の役割りはPDCAサイクルのチェック機能(C：Check)を果たしています。
  ―ISO9001：2008規格の品質マネジメントシステムは、品質管理の基本であるPDCAのサイクルを回す形になっているので、十分その機能を理解し、品質マネジメントシステムの有効性の改善に努めることが大切です―
- ISO9001：2008規格では、内部監査の結果をマネジメントレビューに反映させることにより、品質マネジメントシステムの有効性の改善に資しています。

45 内部監査のISO9001要求事項の要素分解

ISO9001,8.2.2項内部監査の要求事項を要素分解する

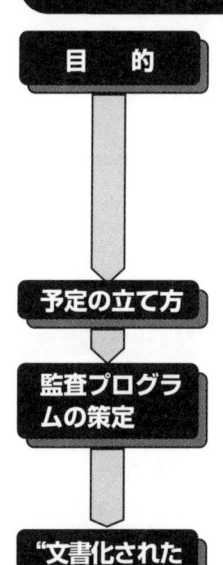

目的
- 個別製品の実現の計画(7.1参照)に適合しているかを検証する
- ISO9001規格の要求事項に適合しているかを検証する
- 組織が決めた品質マネジメントシステム要求事項に適合しているかを検証する　―適合性の検証―
- 品質マネジメントシステムが効果的に実施され、維持されているかを検証する　―有効性の検証―

予定の立て方
- 内部監査は、あらかじめ定められた間隔で実施する
  ―例:年度実施計画を定めて実施する―

監査プログラムの策定
- 監査の対象となるプロセス及び領域の状態及び重要性、並びにこれまでの監査結果を考慮して、監査プログラム(第3章参照)を策定する
  ―監査プログラムとは、特定の目的に向けた、決められた期間内で実行するように計画された一連の監査をいう

"文書化された手順"の確立
- 監査の計画及び実施、記録の作成及び結果の報告に関する責任、並びに要求事項を規定するために、"文書化された手順"を確立する
  ―内部監査システムを確立する―
  ―内部監査規定を作成する(品質マニュアルに含めてもよい)―

監査員の選定
- 監査員は自らの仕事は監査しない―監査の独立性―
- 監査員の選定においては、監査プロセスの客観性及び公平性を確保する

監査の実施
- 監査の実施においては、監査プロセスの客観性及び公平性を確保する
  ―内部監査は、監査プログラム及び"文書化された手順"(例:内部監査規定)に基づいて実施する―

監査結果の記録
- 監査及びその結果の記録は維持する
  ―内部監査報告書を作成する―
  ―内部監査の記録は品質記録として管理する―

修正・是正処置の責任
- 監査された領域に責任を持つ管理者は、検出された不適合及びその原因を除去するために遅滞なく、必要な修正及び是正処置すべてがとられることを確実にする
  ―被監査者の部長・課長は、監査で検出された不適合について、不適合を除去した処置、つまり修正及び原因を除去した処置、つまり是正処置をとる責任がある―

フォローアップ
- フォローアップには、とられた処置の検証及び検証結果の報告を含める

マネジメントレビューに反映
- 内部監査の結果は、マネジメントレビューのインプット情報とする
  (ISO9001、5.6.2項)

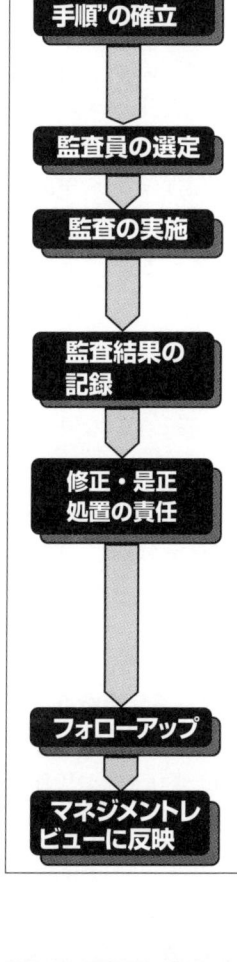

46　ISO9001規格が要求する内部監査

内部監査の目的	監査プログラムの策定
品質マネジメントシステムの ●**適合性を検証する** 　―決めた通りになっているか― ●**有効性を検証する** 　―計画した結果が得られているか―	●**年度監査実施計画を策定する** 　―あらかじめ定められた間隔で実施する― ●**監査の基準・範囲・頻度・方法を規定する** 　―文書化された手順―

監査員の選定	修正・是正処置の責任
●**監査の客観性・公平性を確保する** 　―監査の独立性の基礎となる― ●**監査員は自分の仕事は監査しない** 　―監査対象から独立した立場にある―	●**是正処置は不適合に責任をもつ管理者が行う** 　―不適合の除去（修正）、原因の除去― ●**監査員は是正処置のフォローアップを行う** 　―とられた処置の検証、結果の報告―

■内部監査とは組織の適合を宣言する基礎となる

- 内部監査はマネジメントレビュー及びその他の内部目的のために、その組織自身又は代理人によって行われ、その組織の適合を**自己宣言**するための基礎となります。
- "**監査とは監査基準が満たされている程度を判定するために、監査証拠を収集し、それを客観的に評価するための体系的で、独立し、文書化されたプロセス**"をいいます。

■内部監査には2つの目的がある

- その一つは、**適合性の検証**です。
  これは、品質マネジメントシステムが、製品の品質計画、ISO9001の要求事項、組織が決めたルールに適合し活動しているかです。
- その二つは、**有効性の検証**です。
  これは、品質マネジメントシステムが、効果的に実施されているか、その有効性（計画した結果が得られているか）を検証します。
- 品質マネジメントシステムを実施した成果を組織内部の"**モノサシ（内部監査員）**"で計るのが内部監査といえます。

■監査プログラムを策定する

- 監査プログラム（例：年度監査実施計画）は、監査対象のプロセス（業務）の実施状況、前回までの監査の結果を考慮して作成します。
- 監査プログラムには、監査基準、監査範囲（部門・プロセス・製品）、頻度（あらかじめ定められた間隔：回数）、監査方法（面接・現地確認・記録）を決めることが含まれます。

■監査員は自らの仕事は監査しない

- 監査プロセスの客観性、公平性を確保するため、監査員は自分の仕事は監査してはなりません。

■内部監査の手順を文書化する

- 監査の計画、実施方法、監査報告、記録作成の手順を規定として文書化します。

■管理者は修正・是正処置に対し責任がある

- 監査にて検出された不適合に対する修正及び是正処置は、その不適合の原因に責任をもつ管理者が行います。

47 環境マネジメントシステムの内部監査

> 内部監査は環境マネジメントシステムにおけるチェック機能である

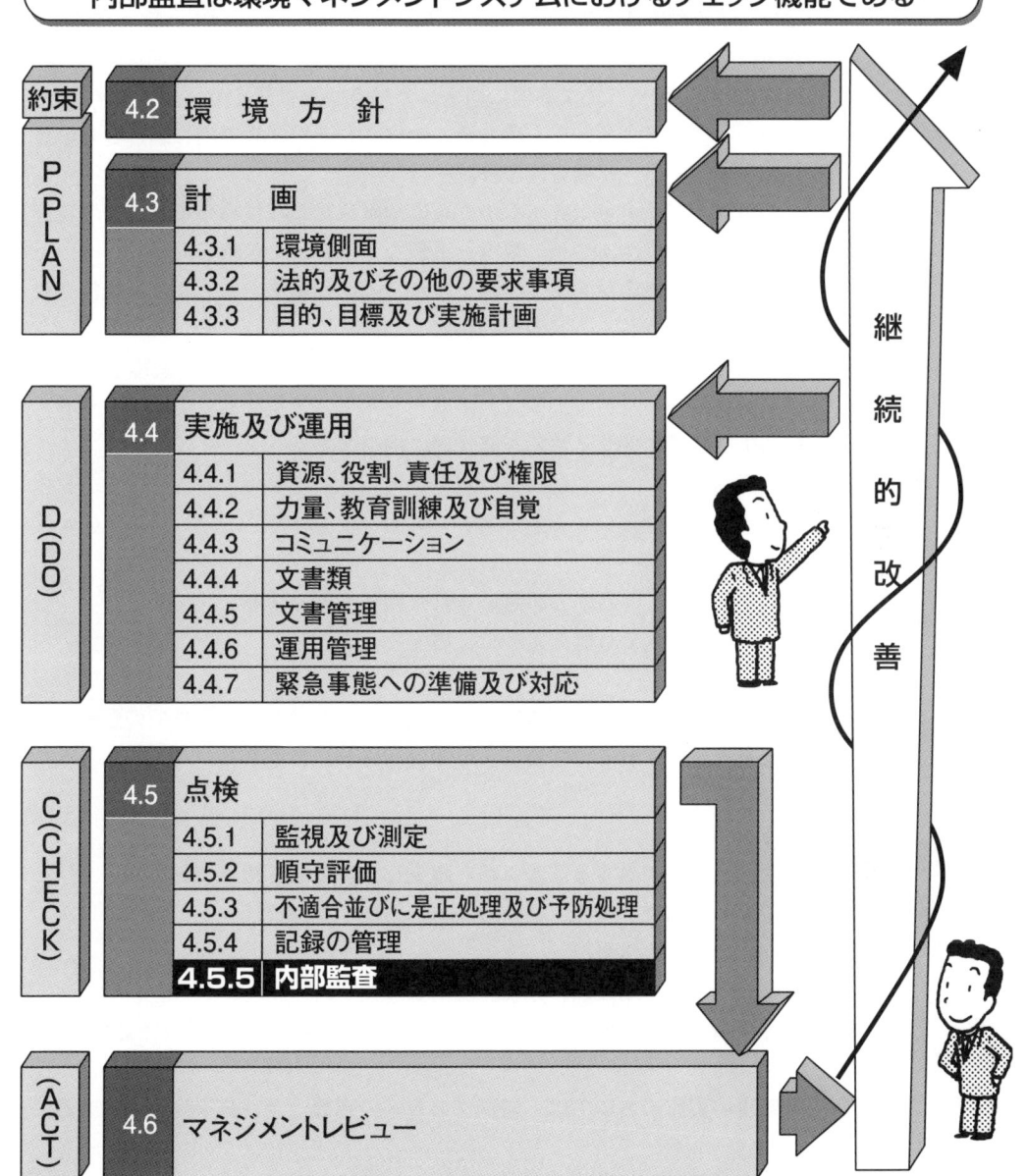

約束	4.2	環境方針		
P(PLAN)	4.3	計画		
		4.3.1	環境側面	
		4.3.2	法的及びその他の要求事項	
		4.3.3	目的、目標及び実施計画	
D(DO)	4.4	実施及び運用		
		4.4.1	資源、役割、責任及び権限	
		4.4.2	力量、教育訓練及び自覚	
		4.4.3	コミュニケーション	
		4.4.4	文書類	
		4.4.5	文書管理	
		4.4.6	運用管理	
		4.4.7	緊急事態への準備及び対応	
C(CHECK)	4.5	点検		
		4.5.1	監視及び測定	
		4.5.2	順守評価	
		4.5.3	不適合並びに是正処理及び予防処理	
		4.5.4	記録の管理	
		4.5.5	**内部監査**	
(ACT)	4.6	マネジメントレビュー		

継続的改善

- ISO14001：2004規格における環境マネジメントシステムの要求事項(4.5.5項)の一つとして、内部監査が位置づけられています。
- 内部監査のISO14001：2004規格における環境マネジメントシステムでの役割りは、PDCAのサイクルのチェック機能(C：Check)を果たしています。
- ISO14001：2004規格の内部監査は、環境マネジメントシステムがあって存在します。

48 内部監査のISO14001要求事項の要素分解

ISO14001,4.5.5項内部監査の要求事項を要素分解する

目的

■組織の環境マネジメントシステムについて、次の事項を決定する。
- ISO14001規格の要求事項に適合しているかを検証する。
- 組織の環境マネジメントのために計画された取決め事項に適合しているかを検証する。―適合性の検証―
  ―組織の環境マネジメントのために計画された取決め事項とは、環境方針、環境マニュアル、規定、手順などを定めた事項をいう―
- 組織の環境マネジメントシステムが、適切に実施されており、維持されているかどうか。―適合性の検証―
  ―ISO14001規格の要求事項に基づいて実施しているか。組織が取決めた環境マニュアル、規定、手順どおり実施、維持しているか―

■監査の結果に関する情報を経営層に提供する。
  ―内部監査は、経営層に信頼感を与える目的で実施することから、自組織の環境マネジメントシステムの適合性を検証し、その結果を経営層に報告する―

予定の立て方

- 内部監査は、あらかじめ定められた間隔で実施する。
  ―例：年度実施計画を定めて実施する―

監査プログラムの策定

- 監査プログラムは、当該運用の環境上の重要性及び前回までの監査の結果を考慮に入れて、組織によって計画され、策定され、実施され、維持される。

監査手順の確立

■次の事項に対処する監査手順を確立し、実施し、維持する
- 監査の計画及び実施、結果の報告、並びにこれに伴う記録の保持に関する責任及び要求事項。
- 監査基準、適用範囲、頻度及び方法の決定。

監査員の選定

- 監査員の選定においては、監査プロセスの客観性及び公平性を確保する。

監査の実施

- 監査の実施においては、監査プロセスの客観性及び公平性を確保する。

マネジメントレビューに反映

- 内部監査の結果は、マネジメントレビューのインプット情報とする。
  （ISO14001、4.6項）

49 ISO14001規格が要求する内部監査 ―その1―

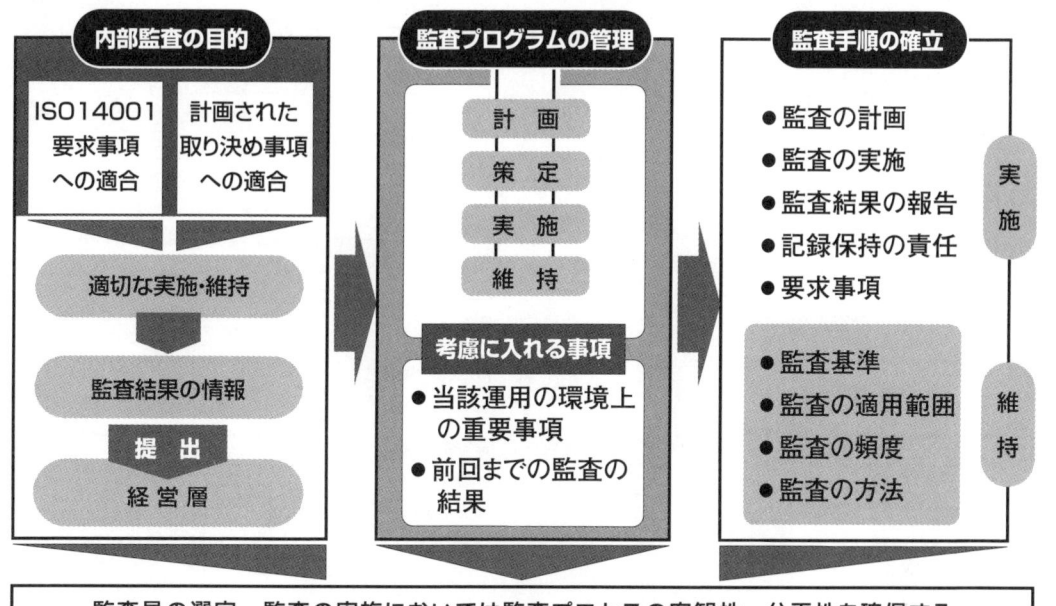

内部監査の目的
- ISO14001要求事項への適合
- 計画された取り決め事項への適合
- 適切な実施・維持
- 監査結果の情報
- 提出
- 経営層

監査プログラムの管理
- 計画
- 策定
- 実施
- 維持

考慮に入れる事項
- 当該運用の環境上の重要事項
- 前回までの監査の結果

監査手順の確立
実施
- 監査の計画
- 監査の実施
- 監査結果の報告
- 記録保持の責任
- 要求事項

維持
- 監査基準
- 監査の適用範囲
- 監査の頻度
- 監査の方法

監査プロセスの客観性・公平性の確保
監査員の選定・監査の実施においては監査プロセスの客観性・公平性を確保する

■内部監査の目的は三つある

組織は、次の三つの事項を行うために、あらかじめ定められた間隔で環境マネジメントシステムの内部監査を確実に実施することを求められています(48項参照)。

内部監査とは、マネジメントレビュー及びその他の内部目的のために、その組織自体又は代理人によって行われる監査をいいます。

あらかじめ定められた間隔とは、前もって間隔を定めておくということで、必ずしも定期的にということではありません。

●目的その1―この規格の要求事項を含めて組織の環境マネジメントのために計画された取決め事項に適合しているかどうかを決定する

組織の環境マネジメントシステムが、ISO14001規格の要求事項、環境方針など組織が決定した要求事項に適合しているかを評価することです。

●目的その2―適切に実施されており、維持されているかを決定する

組織の環境マネジメントシステムが、規格の要求事項及び組織が決めた環境方針、環境目的・目標が達成しているか、環境マニュアル、規定などで定めた事項を、手順どおり実施し、維持しているかを評価します。

●目的その3―監査の結果に関する情報を経営層に提供する

内部監査は、自組織の環境マネジメントシステムの適合性を判定し、経営層に信頼を与える目的で実施することから、その結果を経営層に報告します。

内部監査の結果は、マネジメントレビューのインプットとして活用されます。

なお、内部監査は、組織の環境マネジメントシステムで、改善の機会を特定するために実施することもできます。

50 ISO14001規格が要求する内部監査 —その2—

■**監査プログラムを策定し、実施し、維持する**

　監査プログラムは、当該運用の環境上の重要性及び前回までの監査の結果を考慮に入れて、組織によって計画され、策定され、実施され、維持されることを求められています。

　監査プログラムとは、特定の目的に向けた、決められた期間内で実行するように計画された一連の監査をいいます。

―監査プログラムは監査を計画し、手配し、実施するのに必要な活動のすべてを含む―

　監査の計画、実施を方向付ける監査プログラムは、著しい環境側面、法令・規制の適用、環境に関する苦情など環境上の重要性と、これまでの監査での適合・不適合の内容により、監査の頻度、監査時間、確認項目などのプログラムを策定することです。

―監査プログラムは、どの活動・部門もすべて同じ内容で計画、策定するのではない―

■**監査手順を確立し、実施し、維持する**

　次の事項に対応する監査手順を確立し、実施し、維持することを求められています。

● 監査の計画及び実施、結果の報告、並びにこれに伴う記録の保持に関する責任及び要求事項

● 監査基準、適用範囲、頻度及び方法の決定
　監査基準とは、一連の方針、手順又は要求事項をいい、規格の要求事項を含めた組織の環境マネジメントシステムのために計画された取決め事項をいいます。

■**監査員選定・監査実施の客観性・公平性確保**

　監査員の選定及び監査の実施においては、監査プロセスの客観性及び公平性を確保することが求められています。

　監査を実施する人は、力量があり、公平かつ客観的に行える立場にあることです。

第7章

内部監査システムを確立する

この章では、内部監査のシステムを理解しましょう。

(1) まず、内部監査システムの確立から、内部監査完了までの手順を知ることです。
(2) 内部監査活動における経営者、監査プログラム管理責任者、内部監査チーム、そして被監査者それぞれの役割分担を理解しましょう。
(3) 内部監査導入にあたり、監査プログラム管理責任者の任命、内部監査規定の作成、内部監査員の養成、そして内部監査年度実施計画の策定を行います。
(4) 内部監査規定に規定すべき事項の例を示してありますので、参考にしましょう。
(5) 内部監査年度実施計画は、計画を立てる時期及び監査方法により異なります。
(6) 内部監査員の養成は、内部監査員候補者を選定し、教育計画を策定し、監査体験を含めて教育を実施して、規格要求事項ではありませんが、適格者を資格認定することが望ましいです。

51 内部監査活動の手順を確立する

内部監査活動の計画
- 内部監査システムの確立
- 監査プログラム管理責任者の任命
- 内部監査規定の作成
- 内部監査員教育計画の策定
- 内部監査年度実施計画の策定

内部監査活動の開始・準備
- 内部監査の目的・範囲・基準明確化
- 監査チームの編成
- 文書レビューの実施
- 内部監査個別実施計画の策定
- 内部監査の作業文書の作成

内部監査活動のフォローアップ
- 内部監査報告書の作成
- 被監査者作成の是正計画評価
- 是正処置の実施をフォローアップ
  ―フォローアップの結果記録―

内部監査活動の実施
- 初回会議の開催
- 監査証拠の収集
- 監査所見の作成
- 監査結論の作成
- 最終会議の開催

■内部監査活動の計画を立てる

内部監査活動の手順は、内部監査活動に対する計画を策定し、その計画に基づいて内部監査を開始・準備し、実施して、そのフォローアップをもって完了します。

内部監査活動の計画は、内部監査システムを確立し、監査プログラム管理責任者（19項参照）を任命します。

監査プログラム管理責任者は、内部監査規定を作成し、内部監査員の教育計画を策定して、内部監査年度実施計画を立てます。

■内部監査活動を開始する

内部監査は、内部監査年度実施計画に基づき、監査依頼者（32項参照）が内部監査の目的・範囲・基準（2項・59項参照）を明確にし、監査チームを編成（60項参照）することにより、開始されます。

■文書レビューをし内部監査活動を準備する

監査チームリーダーは、現地監査に先だって、被監査者の文書を監査基準に対する適合性を判定するためにレビューします。

監査チームリーダーは、監査計画を作成し監査チームメンバーへの作業割当てをします。

■内部監査を現地にて実施する

内部監査計画に基づき、監査チームは現地に赴き被監査者との初回会議のあと、面談・活動の観察・文書の調査により監査証拠を収集し、監査基準に照らして、監査所見、監査結論を作成し、最終会議で報告します。

■監査のフォローアップを実施する

監査チームリーダーは内部監査報告書を作成します。また、不適合が検出されたら被監査者の是正処置完了をフォローアップします。

52 内部監査活動の手順のフロー

段階	
計画	**内部監査システムの確立** • 内部監査規定を作成する • 内部監査員の教育計画を策定し養成する **監査プログラムの策定** • 監査プログラム管理責任者を任命する • 内部監査実施の年度実施計画を策定する
	内部監査の開始 • 内部監査の目的、範囲、基準を明確にする • 内部監査実施の可能性を判定する • 監査チームを編成する 　―チームリーダー・メンバーを選定する―
	文書レビューの実施 • 品質・環境マネジメントシステム文書をレビューする―内部監査実施計画の作成情報を入手する―
	内部監査活動の準備 • 内部監査実施計画を立案する • 内部監査の作業文書を作成する • 監査チームへ作業の割当をする • 内部監査実施を被監査者に通知する
実施	**内部監査活動の実施** 初回会議を開催する ---- • 内部監査員・被監査者とで監査内容を事前に確認する 情報を収集し検証する ---- • 内部監査員と被監査者との面談・活動の観察・文書の調査により、適合・不適合の監査証拠を収集、検証する 監査所見を作成する ---- • 監査証拠を監査基準に照らし評価する 監査結論を作成する ---- • 監査目的とすべての監査所見を考慮したうえで、監査チームは、監査の結論を出す 最終会議を開催する ---- • 被監査者へ監査所見・監査結論を提示する
フォローアップ	**内部監査報告書の作成** • 内部監査報告書を作成する • 内部監査報告書を被監査者に配付する • 不適合のある場合は是正処置要求書を作成する • 被監査者は是正処置を実施する
	フォローアップの実施 • 不適合に対する是正処置の実施を検証する • 是正処置検証結果を監査依頼者に報告する

53 内部監査活動の開始から完了までの役割分担

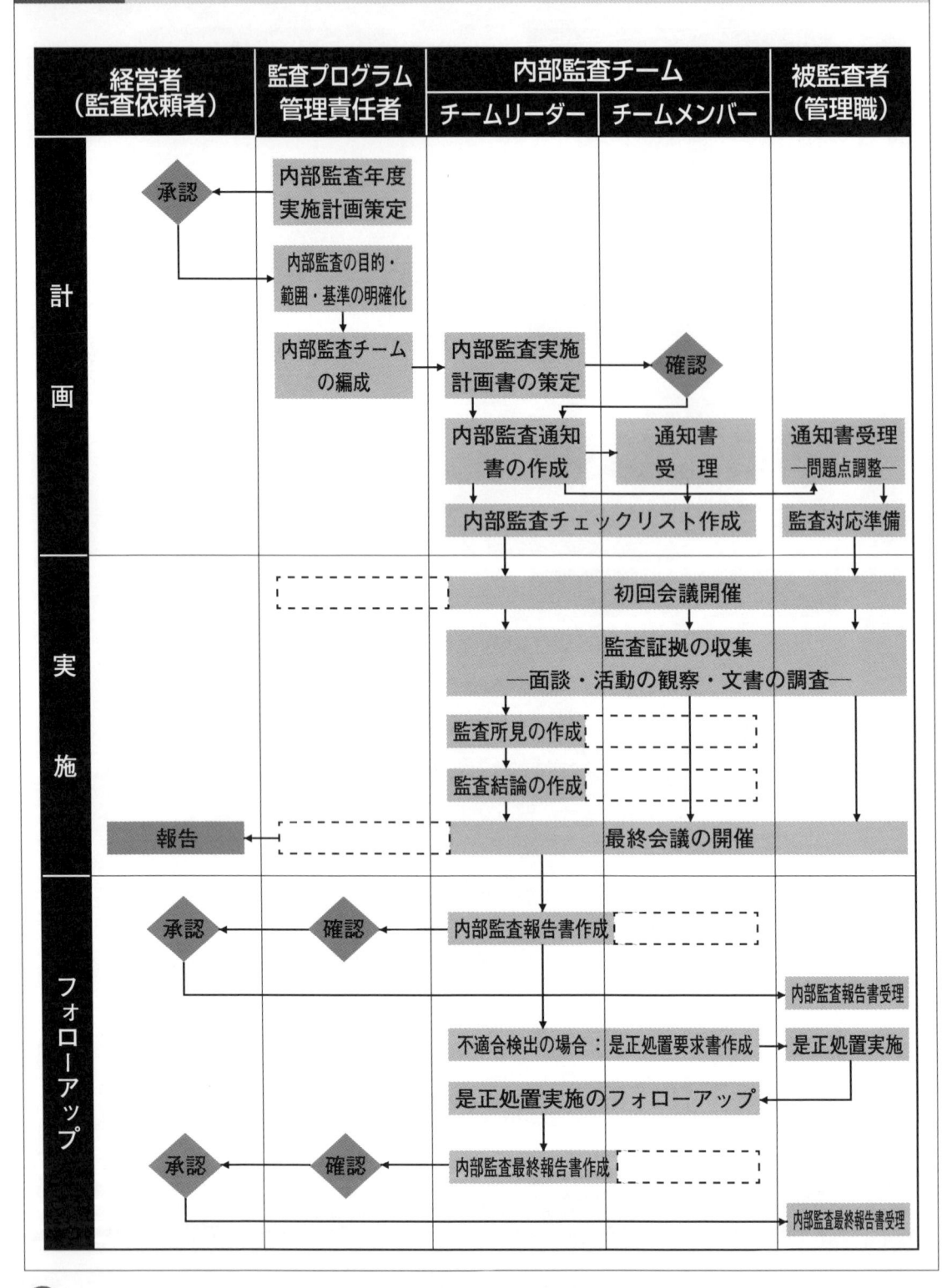

	経営者 (監査依頼者)	監査プログラム 管理責任者	内部監査チーム		被監査者 (管理職)
			チームリーダー	チームメンバー	

計画

- 監査プログラム管理責任者: 内部監査年度実施計画策定 → 経営者: 承認
- 内部監査の目的・範囲・基準の明確化
- 内部監査チームの編成 → チームリーダー: 内部監査実施計画書の策定 → 被監査者: 確認
- チームリーダー: 内部監査通知書の作成 → チームメンバー: 通知書受理 / 被監査者: 通知書受理―問題点調整―
- 内部監査チェックリスト作成 / 被監査者: 監査対応準備

実施

- 初回会議開催
- 監査証拠の収集 ―面談・活動の観察・文書の調査―
- 監査所見の作成
- 監査結論の作成
- 最終会議の開催 → 経営者: 報告

フォローアップ

- 内部監査報告書作成 → 監査プログラム管理責任者: 確認 → 経営者: 承認
- 被監査者: 内部監査報告書受理
- 不適合検出の場合:是正処置要求書作成 → 被監査者: 是正処置実施
- 是正処置実施のフォローアップ
- 内部監査最終報告書作成 → 確認 → 承認
- 被監査者: 内部監査最終報告書受理

第7章◉内部監査システムを確立する

54 内部監査システムを確立する

監査プログラム管理責任者を任命する	内部監査規定を作成する
内部監査年度実施計画を策定する	内部監査員を教育し養成する

(中央図：内部監査導入 キックオフ大会 トップマネジメント)

■内部監査導入のキックオフ大会を開催する

　内部監査を導入し、定着を図るには、トップマネジメントの内部監査導入の決意を組織に周知・徹底し、その必要性を認識してもらうため**キックオフ大会**を開催するとよいです。

　内部監査は、ISO9001規格・ISO14001規格の要求事項ですから品質マネジメントシステム及び環境マネジメントシステム導入のキックオフ大会と一緒に行うとよいです。

■内部監査規定を作成する

　内部監査を導入する組織は、監査プログラム（21項参照）の一環として内部監査の計画及び実施、記録の作成及び結果の報告に関する責任を規定するためにISO9001規格では**"文書化された手順"**（内部監査規定の作成又はマニュアルに規定）を、またISO14001規格では監査手順を確立するよう要求しています。

■監査プログラム管理責任者を任命する

　トップマネジメントは、内部監査を運用する監査プログラム管理責任者を任命します。

　監査プログラム管理責任者は、品質及び環境の管理責任者が兼任する場合が多いです。

■内部監査員を教育し養成する

　内部監査員を養成するための教育計画（38項参照）を立案し、マネジメントシステムに精通した適格者を選定し、力量（35項参照）のある者を内部監査員とします。

■内部監査年度実施計画を策定する

　内部監査は、ISO9001規格・ISO14001規格で、あらかじめ定められた間隔で実施するよう求められていますので、一般に、監査プログラム管理責任者が**"内部監査年度実施計画"**を策定します。

55　内部監査規定を作成する

内部監査規定

1. 内部監査の目的
　　内部監査は、マネジメントシステムが規格の要求事項を含めて、計画された取決め事項に適合しているか、効果的に実施しているかを検証するために実施する
2. 適用範囲
　　本規定は、オーエス総合技術研究所における内部監査に適用する
3. 監査の組織
　　監査プログラム管理責任者は管理責任者が兼務する
　　内部監査員は、被監査部門の業務に直接責任のない者とし、自らの仕事は監査してはならない
4. 内部監査員の力量
　　内部監査員は、個人的特質があり、業務経験、専門知識、監査技能、教育・訓練歴を判断の根拠として力量を有する者とする
5. 監査の種類
　　内部監査には、定期監査と臨時監査とがある
　　定期監査は年度実施計画に基づき実施し、必要と判断したとき臨時監査を行う
6. 監査の計画
　　監査プログラム管理責任者は、年初に年度監査実施計画を策定する

■内部監査規定に規定すべき事項
　内部監査規定に規定すべき事項の例を次に示します。
1. 内部監査の目的
2. 適用範囲
　　内部監査を実施する組織、場所
3. 監査の組織
　　監査プログラム管理責任者の任命とその責任、監査チームリーダー・メンバーの責任
4. 内部監査員の力量
　　個人的特質、監査に関する知識・技能、品質又は環境に関する知識
5. 監査の種類
　　定期監査、臨時監査
6. 監査の計画
　　内部監査年度実施計画の作成、監査チームの選定、監査員への作業割当て、監査通知、監査作業文書（例：チェックリスト）の作成
7. 監査の実施
　　初回会議、監査証拠の収集、監査所見の作成、監査結論の作成、最終会議
8. 内部監査報告書
　　内部監査報告書の記載事項、提出先、配付
9. フォローアップ
　　是正処置要求、是正計画評価、是正処置実施のフォローアップとその報告

■内部監査規定は監査プログラム管理責任者の責任で作成するとよい。
　一般に、内部監査規定は、監査プログラム管理責任者の責任において作成し、トップマネジメントの承認を得たのち、関係者に配付します。
　小規模組織では、内部監査に関する"文書化された手順"を"品質マニュアル"、"環境マニュアル"に含めて規定してもよいです。

56 内部監査年度実施計画を策定する

全体監査・部門別監査年度計画

部門＼月	4	5	6	7	8	9	10	11	12	1	2	3
営業部				○							○	
技術部				○							○	
購買部				○							○	
製造部				○							○	
サービス部				○							○	
品証部				○							○	

（7月・2月は全部門対象）

部分監査・部門別監査年度計画

部門＼月	4	5	6	7	8	9	10	11	12	1	2	3
営業部	○											
技術部		○										
購買部			○									
製造部				○								
サービス部					○							
品証部						○						

全体監査・要求事項別監査年度計画
[例] ISO9001規格

要求事項＼月	4	5	6	7	8	9	10	11	12	1	2	3
4.1				○							○	
4.2				○							○	
5.1				○							○	
5.2				○							○	
5.3				○							○	
5.4				○							○	

（7月・2月は全要求事項対象）

部分監査・要求事項別監査年度計画
[例] ISO14001規格

要求事項＼月	4	5	6	7	8	9	10	11	12	1	2	3
4.1	○											
4.2		○										
4.3			○									
4.4				○								
4.5					○							
4.6						○						

■内部監査はあらかじめ定められた間隔で実施する

内部監査は、ISO9001規格・ISO14001規定で"あらかじめ定められた間隔"で実施するよう規定されています。そのため、組織は内部監査の実施計画を策定します。

内部監査の実施計画には、計画を立てる時期により**"内部監査年度実施計画"**とそれに基づく**"内部監査個別実施計画"**（66項参照）とがあります。

■内部監査年度実施計画を策定する

内部監査年度実施計画は、監査プログラム管理責任者が事業年度の始めに策定します。

内部監査年度実施計画には、全体監査・部分監査（14項参照）と部門別監査・要求事項別監査（16項参照）の組み合せにより、次のような四つの種類があります。

● その1　全体監査・部門別監査年度計画

全体監査・部門別監査年度計画は、組織の全部門を短期間で監査するよう計画します。

全部門に対し該当する規格要求事項をすべて検証しますので、組織のマネジメントシステムの運用状態が短期間でわかります。

● その2　部分監査・部門別監査年度計画

部分監査・部門別監査年度計画は、組織の一部の部・課を時期をずらし、該当する規格要求事項を検証するので監査対象の状態・重要性について配慮し計画することができます。

● その3　全体監査・要求事項別監査年度計画

全体監査・要求事項別年度計画は、規格要求事項のすべてに対し、組織の該当する全部門を短期間で検証します（17項参照）。

● その4　部分監査・要求事項別監査年度計画

部分監査・要求事項別監査年度計画は、規格要求事項の一部を時期をずらし監査します。

57 内部監査員の教育計画を策定し実施する

（図：内部監査員の養成 — 教育計画策定／教育実施／資格認定／監査体験）

■**内部監査員は監査を実施する力量があること**

内部監査員は、監査を行うための実証された個人的特質（36項参照）を含む力量を備えていることが要求されています。

—**力量**とは、個人的特質並びに知識及び技能を適用するための実証された能力をいう—

教育、訓練、業務経験、監査の専門知識、監査技能及び監査経験は力量の基礎です。

■**内部監査員候補者を選定する**

内部監査員候補者は、監査の原則（3項参照）に従って行動できるよう個人的特質を備えている人を選定するとよいです。

そして、品質の監査員は、品質マネジメント、プロセス及びサービスを含む製品技術をまた、環境の監査員は、環境マネジメント、環境技術に関する知識及び技能を有する業務経験のある者を選定する必要があります。

■**内部監査員の教育計画を策定する**

監査プログラム管理責任者は、内部監査員としての力量を得るための教育計画を策定します。その際、教育対象、教育方法、教育機関、教育内容は38項を参照するとよいでしょう。

■**内部監査員を教育する**

教育計画に基づいて、内部監査員を教育し、養成します。

■**訓練中の監査員に監査を体験させる**

認証を取得した組織は、訓練中の監査員を監査チームに加え、監査チームリーダーの指導のもとに、監査を体験させるとよいです。

■**内部監査員を資格認定することが望ましい**

教育終了後、内部監査員適格として登録し要求事項ではないが資格認定するとよいです。

第8章

内部監査を開始する

この章では、内部監査の開始について理解しましょう。

(1) 内部監査年度実施計画に基づいて、内部監査を実施する日を決定し、当日、どのように内部監査を実施するかを計画します。
(2) 内部監査開始にあたっては、まず、内部監査の目的、監査範囲、監査基準を決定します。
(3) 内部監査の実施の可能性を判定します。
(4) 内部監査チームリーダーを指名し、メンバーを選定して、内部監査チームを編成します。
(5) 内部監査チームリーダーは、内部監査の実行に対し全責任があり、監査の結果に関し最終的に決定する権限があります。
(6) 内部監査チームメンバーは、チームリーダーの指示に従い、課せられた監査責任について、効果的に、効率よく実施します。
(7) 記録を含むマネジメントシステム文書をレビューし、監査基準に照らして妥当性を判定します。
(8) 被監査者に最初の連絡をとり監査の日程・情報の提示、文書の閲覧を要請します。

58　内部監査開始の手順

（図：内部監査実施決定／目的・範囲・基準　決定／内部監査チーム編成／被監査者と最初の連絡）

■トップが内部監査の実施を決定し開始する

　内部監査年度実施計画に基づいて、内部監査を実施する月日を決定する権限は、トップである監査依頼者（監査プログラム管理責任者に委譲されることがある）にあります。

　内部監査の開始は、次の手順で行います。
- 内部監査の目的・監査範囲・監査基準を決定する
- 内部監査の実施可能性を判定する
- 内部監査チームを編成する
- 被監査者と最初の連絡をとる
- 文書レビューを実施する

■内部監査の目的・範囲・基準を決定する

　監査依頼者（監査プログラム管理責任者）は、実施する内部監査の目的・範囲・基準を具体的に決定します。詳細については、59項に説明してあります。

■内部監査が実施可能かを判定する

　内部監査の実施可能性は次の事項の利用可能性を要因として考慮し判断するとよいです。
- 内部監査の計画を策定するために十分かつ適切な情報
- 被監査者の十分な協力
- 十分な時間・資源（年末・決算期は外す）

■内部監査チームを編成する

　監査プログラム管理責任者は、内部監査を実施するため、監査チームリーダーを指名し、メンバーを選定して監査チームを編成します。

■被監査者と最初の連絡をする

　被監査者と次の事項に関し連絡をとります。
- 提案された日程と監査チームの構成の情報
- 記録を含む関連する文書の閲覧の要請
- 内部監査を受けるための手配の依頼

第8章●内部監査を開始する

59 内部監査の目的・監査範囲・監査基準を決める

内部監査開始にあたり目的・範囲・基準を決める―監査依頼者―

内部監査の目的
- マネジメントシステム（品質・環境）の適合性の検証
- マネジメントシステム（品質・環境）の有効性の検証
- マネジメントシステム（品質・環境）の改善の可能性の特定
- 法令・規制要求事項の適合へのマネジメントシステム（品質・環境）の能力評価

内部監査の監査範囲
- 組織、監査場所、活動、プロセス
  〔例〕―組織の全部門（全体監査）―
  ―組織の特定部門（部分監査）―
  ―組織の全製品―
  ―組織の特定製品―

内部監査の監査基準
- 品質方針、環境方針
- マネジメントシステム要求事項
  ―ISO9001規格・ISO14001規格―
- 品質マニュアル・環境マニュアル
- 規定・手順書（品質・環境）

■内部監査の目的を決める

内部監査開始にあたり、監査依頼者は、当該内部監査の目的を決めます。

一般に、内部監査は次に示す一つ、またはいくつかの目的をもって計画され実施されます。
- マネジメントシステムの適合性の検証
- マネジメントシステムの有効性の検証
- マネジメントシステムの改善可能性の特定
- 法令・規制要求事項への適合を確実にするためのマネジメントシステムの能力の評価

次のような目的で実施することがあります。
- 組織が認証取得するために、マネジメントシステムを確立する過程で、認証機関の第一段階審査、第二段階審査で不適合が検出されないよう未然に防ぐために実施する。
- 組織が認証取得後の認証機関のサーベイランス（定期）審査対応へのマネジメントシステムの運用状態の確認のために実施する。

■内部監査の監査範囲を決める

監査依頼者は、内部監査の監査範囲として、所定の時間内で監査を受けるべき組織、監査場所、活動、プロセスを決定します。
- 組織の全部門を対象とする（全体監査）
- 組織の特定部門を対象とする（部分監査）
- 組織の全製品を対象とする
- 組織の特定の製品を対象とする

内部監査員の力量の向上には、部分監査の方が全体監査より監査回数が多く効果的です。

■内部監査の監査基準を決める

監査依頼者は、内部監査の監査基準として方針、規定、手順、マネジメントシステム要求事項（品質・環境）を決めます。

監査基準は、組織のマネジメントシステムの成熟と共に、マニュアル、規定、手順書と網の目を細くすると監査の精度が向上します。

75

60 内部監査チームを編成する

監査チームリーダー指名 / **監査の独立性確保** / **訓練中の監査員** / **技術専門家**

監査チームの編成：チームリーダー、チームメンバー

■監査チームは適格者より編成する

監査プログラム管理責任者は、内部監査を実施するため、内部監査員適格者登録名簿から、監査の目的及び監査対象に相応しい力量を有する者を選定し監査チームを編成します。

監査チームは、監査を行う一人以上の監査員からなり、必要な場合は、**技術専門家**、**訓練中の監査員**を含めることができます。

監査チームの中の一人の監査員を、**監査チームリーダー**に指名します。

訓練中の監査員は監査チームリーダーの指揮、指導のもとで監査を行うことができます。

■監査員の選定には監査の独立性を確保する

監査の独立性は、監査員が監査の対象となる活動に関する責任を負っていないことで実証することができます。監査の独立性は、監査の公平性・客観性の基礎となります。

■監査チームに必要な場合技術専門家を加える

監査チームメンバーには、監査の目的を達成するために、必要な知識及び技能のすべてが備わっているように選定します。

監査チームの監査員だけでは、必要な知識及び技能が完全には確保できない場合は、技術専門家を加えることによって満たします。

■監査チームの構成に当って考慮すべき事項

- 監査の目的、範囲、基準、予測される期間
- 監査の目的を達成するために必要な監査チーム全体としての力量
- 該当する場合には、法令、規制、契約、認証の要求事項
- 監査を受ける活動から監査チームの独立性を確保し、利害の衝突を回避する必要性
- 被監査者と効果的に意見を交わし共同で作業をするための監査チームメンバーの能力

61 内部監査チームリーダーの責任

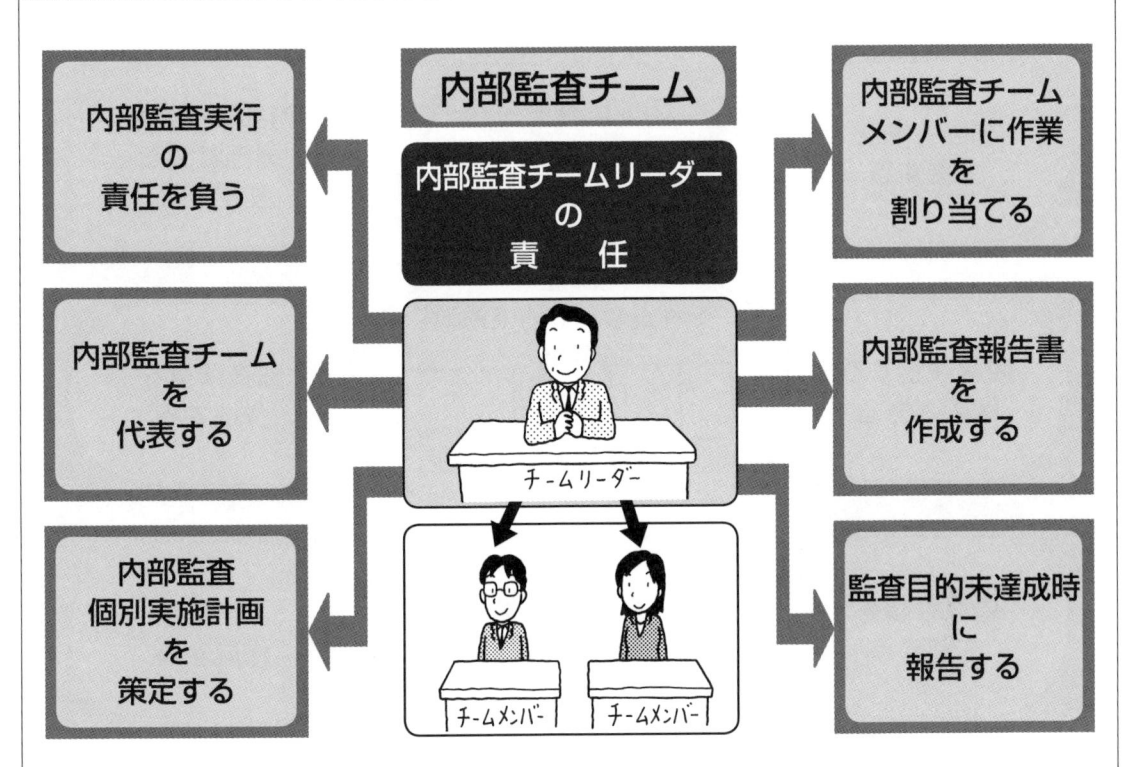

■監査チームリーダーはチームを統括する

内部監査チームは、リーダーとメンバーから構成されています。

監査チームリーダーとは、管理能力と経験を有し、監査チームを統括する責任があり、かつ、監査プログラム管理責任者から監査チームリーダーと指名された監査員をいいます。

■チームリーダーは監査に対し全責任を負う

内部監査がチームで行われた場合でも、一人（当人がリーダー）で行う場合でも、監査チームリーダーが監査の運営に関し、すべての局面に対し、最終的に責任を負います。

■チームリーダーは次の事項に責任がある

- その1　内部監査実行の責任を負う

監査チームリーダーは、監査を内部監査規定、監査計画書に従って実行する責任があります。

- その2　内部監査チームを代表する

監査チームリーダーは、被監査者に対して監査チームを代表します。

- その3　内部監査個別実施計画を策定する

監査チームリーダーは、内部監査個別実施計画を策定します（66項参照）。

- その4　監査チームメンバーへ割り当てる

監査チームリーダーは、メンバーに対し、それぞれ監査する機能部門または特定の品質マネジメントシステム要素（要求事項）、環境マネジメントシステム要素（要求事項）を割り当てます（70項参照）。

- その5　内部監査報告書を作成する

監査チームリーダーは、内部監査報告書を作成します（109項参照）。

- その6　監査目的未達成時に報告する

監査チームリーダーは、監査目的が達成できないと判断したら監査依頼者に報告します。

62　内部監査チームリーダーの権限

（図：内部監査チームリーダーの権限）
- 初回会議を主催する
- 内部監査チームメンバーの作業割当てを変更する
- 内部監査個別実施計画を変更する
- 最終決定する権限がある
- 監査所見を作成する
- 最終会議を主催する
- 是正処置を要求する
- 監査結論を作成する

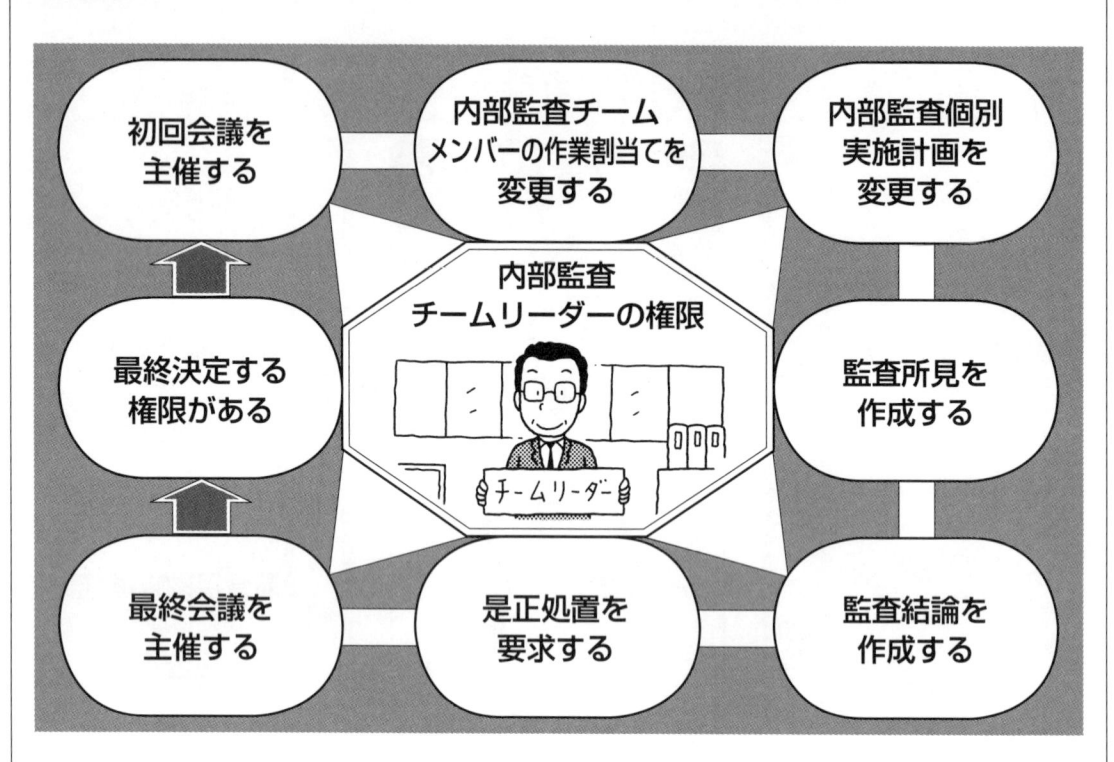

■チームリーダーは、最終決定する権限がある

内部監査チームリーダーは、内部監査の実施及び内部監査のあらゆる結果に関し、最終決定を行う権限が与えられています。

■チームリーダーは次の事項に関し権限がある

- その1　初回会議を主催する

　監査チームリーダーは、初回会議を主催し、議事を進行します。

- その2　内部監査チームメンバーの割当を変更する

　監査チームリーダーは、内部監査の目的を最も適切に達成するために、必要ならば監査の途中でも、チームメンバーの作業割当てを変更することができます。

- その3　内部監査個別実施計画を変更する

　監査チームリーダーは、必要ならば監査の途中でも、監査依頼者及び被監査者の同意を得て、内部監査個別実施計画を変更することができます。

- その4　監査所見を作成する

　監査チームリーダーは、監査証拠を評価し、監査所見として、適合、不適合、推奨事項を最終決定します。

- その5　監査結論を作成する

　監査チームリーダーは、内部監査の目的とすべての監査所見を考慮して、監査結論を最終決定します。

- その6　不適合に対し是正処置を要求する

　監査チームリーダーは、内部監査で検出された不適合に対し、被監査者に是正処置を要求することができます。

- その7　最終会議を主催する

　監査チームリーダーは、最終会議を主催し、被監査者に監査所見、監査結論を提示し、不適合に対して是正処置を要求します。

63　内部監査チームメンバーの責任と活動

■**監査チームメンバーに求められる責任**
　内部監査チームメンバーは、チームリーダーの指示に従い、次の事項に責任があります。
- 適用される監査要求事項に従う
- 課せられた責任について、効果的に、かつ効率よく計画し、実行する
- 監査証拠を文書化する
- 監査所見を報告する
- 検出された不適合に対して、被監査者が実施した是正処置の有効性を検証する
- 監査チームリーダーに協力し、援助する

■**監査チームメンバーは、次のように活動する**
- 監査の範囲を逸脱しない
- 客観性を旨とする
　―主観的判断をしない―
- 常に倫理的な行動をとる
　―信用があり、誠実であり、分別がある―
- 監査したマネジメントシステムに関する結論を出すのに適切、かつ十分な監査証拠を収集し、分析する
- 監査所見に影響を与え、また、更に広範囲な監査をすることが必要となりそうな証拠を示すときには、十分な注意を払う
- 監査に関する文書類を保管、保護する
　―要求に応じてこれらの文書を提出する―
　―監査で得られた情報は慎重に取り扱う―

■**監査チームは機密保持を順守する**
　内部監査では、監査対象部門のマネジメントシステムの全ての段階を確認するので、開発中の製品、社外秘の文書、記録などを見る機会があります。これらは組織にとって重要な財産であり、機密性の高いものが多いです。したがって、監査チームリーダーを含むメンバー全員が機密保持を順守することです。

64 文書レビューを実施する

■文書レビューとはどういうものか

文書レビューとは、組織の品質及び環境マネジメントシステム文書について、監査員が被監査者に提示を求め、その規定している内容が、監査基準（59項参照）に適合しているかをレビューすることをいいます。

―ISO9001規格・ISO14001規格では、マネジメントシステム文書の内容が、要求事項に適合していることを求めている―

■文書レビューを実施する目的は何か

次の事項を確認するために実施します。
- 文書化されている範囲において、規定内容が監査基準に適合しているかを判定する
- 有効な内部監査個別実施計画書（66項参照）を作成するための情報を入手する
- マネジメントシステムのプロセスの順序及び相互関係が明確か否かを判定する

■文書レビューの対象となる文書

文書レビューは、監査チームリーダーが被監査者の文書を現地監査（76項参照）の実施前にレビューすることです。

レビューの対象となる文書は、品質及び環境マネジメントシステム文書である品質マニュアル、環境マニュアル、規定、手順書、記録、これまでの内部監査報告書を含め、前回の内部監査から変更になっている文書です。

この文書レビューでは、組織の規模、性質、複雑さ、並びに監査の目的及び範囲を考慮に入れることが望ましいです。

■文書が不適切の場合は連絡する

文書に問題が検出され、不適切と判断した場合は、監査チームリーダーは、監査依頼者、監査プログラム管理責任者及び被監査者に連絡し、監査を続行か中断かの判断を仰ぎます。

第9章

内部監査活動の準備をする

この章では、内部監査活動の準備について理解しましょう。

(1) 内部監査活動の準備は、内部監査個別実施計画を策定することから始めます。
(2) 内部監査個別実施計画は、監査チームリーダーが柔軟性をもって策定し、監査チームメンバーの同意を得たのち監査依頼者の承認をとるとよいでしょう。
(3) 内部監査個別実施計画書に明記すべき事項と盛り込むと望ましい事項を具体的に示してあります。
(4) 監査チームリーダーが、監査作業をメンバーに割り当てる際に配慮すべき事項を説明してあります。
(5) 監査チームメンバーへの監査作業の割当てには部門別割当てと要求事項別割当てがあります。
(6) 監査チームは、マネジメントシステムの内部監査のためのチェックリスト、内部監査報告書、是正処置要求・回答書などの作業文書を作成します。
(7) 被監査者に内部監査実施を事前に通知し、対応を依頼します。

65　内部監査活動準備の手順

■現地での内部監査活動の準備をする

　内部監査の開始後、現地における監査活動の準備は、次の手順で行います。
- 内部監査個別実施計画を策定する
- 内部監査チームへ監査作業を割り当てる
- 内部監査に用いる作業文書を作成する
- 被監査者へ内部監査実施を通知する

■内部監査個別実施計画を策定する

　内部監査チームリーダーは、内部監査実施に関し、次の事項を含む内部監査個別実施計画を策定します（66項参照）。
- 内部監査の目的・監査基準
- 内部監査の監査範囲
- 現地で行う内部監査の日時及び場所
- 監査活動の予定の時刻及び所要時間
- 初回会議・最終会議の開催
- 監査チームメンバーの役割と責任

■内部監査チームへ作業を割り当てる

　内部監査チームリーダーは、監査チームメンバーと協議し、特定のプロセス、現場、部門、活動を監査する責任を、監査チームメンバーの一人ひとりに割当て、内部監査スケジュール表（70項参照）を作成します。

■監査チームは作業文書を作成する

　内部監査チームリーダー、メンバーは、監査の割当てに関連する情報をレビューし、必要に応じて監査の作業文書を作成します。
　監査の作業文書には、監査チェックリスト、是正処置要求・回答書、内部監査報告書などの書式があり、これらを用いて作成します。

■被監査者へ内部監査実施を通知する

　内部監査実施を内部監査個別実施計画に基づき、被監査者に事前に通知します。

66 内部監査個別実施計画を策定する

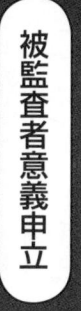

（内部監査計画策定）
（機密保持順守明示）
（被監査者意義申立）
（監査依頼者承認）

■内部監査計画は監査目的を達成すること

内部監査では、監査依頼者（実務的には監査プログラム管理責任者）から内部監査の目的、監査範囲、監査基準、監査実施日などが指示されます。

内部監査チームリーダーは、内部監査個別実施計画を、これらの指示事項を満し、監査目的を達成するように策定することです。

■内部監査計画に機密保持順守を明示する

内部監査実施時に、組織にとって重要な情報を入手する機会があるので、監査チームメンバーの機密保持順守（63項参照）を、内部監査個別実施計画に明示することが望ましいといえます。

■内部監査計画は柔軟性をもって策定する

内部監査個別実施計画は、現地での監査活動の進行に伴い監査範囲などを変更することがあるので、変更を許容し得るように、十分な柔軟性をもって策定することです。

■監査計画は監査チームメンバーの同意を得る

内部監査チームリーダーは、策定した内部監査個別実施計画について、監査チームメンバーに説明し、同意を得るとよいです。

■内部監査計画書は監査依頼者の承認を得る

内部監査個別実施計画書は、監査依頼者のレビューを受け、承認を得ることです。

■被監査者の監査計画への異議に対応する

内部監査個別実施計画事項について、被監査者から異議の申立があったならば、内部監査チームリーダー、被監査者及び監査依頼者の間で解決することが望ましいです。

67 内部監査個別実施計画書に明記すべき事項

内部監査計画の目的

監査範囲の明示

被監査者との会議

監査基準の明示

■**内部監査個別実施計画作成の目的**

　内部監査開始により、監査プログラム管理責任者から指名された内部監査チームリーダーは、内部監査を具体的に実施するために、**内部監査個別実施計画**を策定します。

　内部監査個別実施計画は、監査依頼者、内部監査チーム及び被監査者の間で、内部監査の実施に関する合意形成の基礎として作成されます。

　これにより、内部監査活動のスケジュール作成及び調整をしやすくすることができます。

■**内部監査個別実施計画書に明記すべき事項**

　内部監査個別実施計画書には、次の事項を網羅して記載するとよいです。
- 内部監査の目的
- 監査基準及び関連の基準文書
- 現場で内部監査活動を行う日時及び場所
- 内部監査を受ける組織単位、部門単位及びプロセスの特定を含む監査範囲
- 被監査者の管理者層との会議
  　―初回会議・最終会議の開催―
- 内部監査チーム内の会議を含む、現地での監査活動の予定の時刻及び所要時間
- 監査チームメンバーと同行者の役割と責任
- 監査の重要な領域への適切な資源の割当て

■**内部監査個別実施計画書に盛り込む事項**

　内部監査個別実施計画書に、必要に応じて盛り込む事項は、次のとおりです。
- 内部監査に対する被監部門の代表者の氏名
- 内部監査報告書の記載項目
- 内部監査の後方支援に関する手配事項
  　―移動、現地の施設など―
- 機密保持に関係する事項
- 監査のフォローアップ処置

68 内部監査個別実施計画書例

内部監査個別実施計画書

承認	作成
大浜	策精

監査の目的	品質マネジメントシステムの監査基準への適合の程度の判定		
監査基準	ISO9001：2008、品質マニュアル（1版）	監 査 日	20△△年○月○日
監査チーム	リーダー：大浜庄司　メンバー：管佐綿羽	作 成 日	20△△年×月×日

月日	時分	監査チームリーダー：大浜庄司	監査チームメンバー：管佐綿羽
○月○日	9:00	初　回　会　議	
	10:00	＜経営管理プロセス＞ ・経営者 [4.1], [5.1], 5.2, [5.3], [5.4], [5.5] [5.6], [6.1], 6.3, 8.1, 8.2, 8.5	＜設計・開発プロセス＞ ・技術部 4.2, 5.2, 5.3, 5.4, 5.5, 6.2 [7.1], [7.3], 8.2, 8.5
	11:00	＜顧客関連プロセス＞ ・営業部 4.2, [5.2], 5.3, 5.4, 5.5, [7.2]	＜教育・訓練管理プロセス＞ ・総務部 4.2, 5.3, 5.4, 5.5, [6.2]
	12:00	昼　休　み	
	13:00	＜製造プロセス＞ ー現場監査ー 4.2, 5.3, 5.4, 5.5, 6.2, [6.3] [6.4], 7.1, [7.5], 7.6, 8.2, [8.3] 8.4, 8.5 トレーサビリティ確認	＜購買プロセス＞ ・購買部 4.2, 5.3, 5.4, 5.5, 6.2, [7.4] 8.2, 8.3, 8.4, 8.5
	14:00		
	15:00		＜監視・測定プロセス＞ ・品質保証部 [4.2], 5.3, 5.4, 5.5, 6.2, 6.4, 7.5 [7.6], [8.1], [8.2], 8.3, [8.4], [8.5]
	16:00	監査チームミーティング	
	17:00	最　終　会　議	

注：ISO9001：2008 要求事項□は責任部門を示す

69 内部監査チームへ監査作業を割り当てる

- 監査プロセスの客観性・公平性を確保するよう割り当てる
  ―監査員は自からの仕事は監査しない―

- 力量のあるメンバーに割り当てる
  ―品質・環境に関する知識・技能・経験を有する者―

監査作業を割り当てる

割当て　監査チームリーダー　割当て
監査チームメンバー　　　　　監査チームメンバー

- プロセスの重要性・過去の監査結果を考慮し割り当てる
  ―重要度に応じ監査資源投入―

- 監査目的達成に十分な監査時間をとり割り当てる
  ―検証に必要な監査証拠の収集―

■監査チームリーダーは監査作業を割り当てる

内部監査チームリーダーは、メンバーと協議し、自組織の機能部門、マネジメントシステム、サイト、プロセス、活動を監査する責任をメンバー一人ひとりに割り当てます。

割当てに際しては、監査の独立性及び監査員の力量に関するニーズ、並びに資源の効果的な活用を考慮することが望ましいです。

内部監査の目的を達成するために、監査の進行に伴い作業の分担を変更してもよいです。

■監査作業割当ては客観性・公平性を確保する

内部監査員は、公平かつ客観的に監査することを求められています。

公平性・客観性は、監査対象となる活動に責任を負わないメンバーに割り当てることにより確保することができます。監査員は、自からの仕事を監査しないことです。

■監査作業は力量のあるメンバーに割り当てる

内部監査チームリーダーは、監査対象を監査するに必要な品質または環境に関する知識、技能（39項・40項参照）及び経験を有する力量のあるメンバーに割り当てることが肝要です。

■監査作業は重要性・監査結果で割り当てる

監査作業は、監査の対象となるプロセス、領域の状態及び重要性並びにこれまでの監査結果を考慮して割り当てるとよいです。監査資源を重点的に投入するということです。

■監査目的達成に十分な監査時間をとる

監査時間が短いと、監査証拠が十分に収集できず、効果的に検証できないことがあります。そこで、監査目的を達成するに十分な監査時間をとり、割り当てるとよいです。

70 監査作業の部門別割当てと要求事項別割当て

監査作業の部門別割当て

監査日 監査員	○月□日 9時　12時 13時　　　16時 17時						○月△日 9時　12時 13時　　　16時 17時				
日刊太郎	初回会議	営業課	昼休み	設計課	チーム打合せ	被監査者へ報告	生産技術課	昼休み	品質保証課	チーム打合せ	最終会議
工業次郎		購買課		製造課			倉庫課		保全課		

監査作業の要求事項別割当て

監査日 監査員	○月□日 9時　12時 13時　　　16時 17時						○月△日 9時　12時 13時　　　16時 17時				
日刊太郎	初回会議	4.2 環境方針	昼休み	4.3.1 環境側面	チーム打合せ	被監査者へ報告	4.4.1 資源、役割 責任・権限	昼休み	4.4.2 力量、教育訓練 自覚	チーム打合せ	最終会議
工業次郎		4.3.2 法的及びその 他の要求事項		4.3.3 目的、目標 実施計画			4.4.3 コミュニ ケーション		4.4.4 文書類		

■監査チームメンバーへの部門別割当て

　監査作業の監査チームメンバーへの割当てには、"部門別割当て"と"要求事項別割当て"とがあります。

　部門別割当てとは、"部門別監査"（16項参照）を採用した場合であって、機能部門ごとに、担当の監査員を割り当てることをいいます。

　例えば、営業課、設計課にそれぞれ監査員を割り当て、部門ごとに監査します。

　監査員は、割り当てられた部門に対して、その部門が業務を遂行する上で必要な品質または環境のマネジメントシステム要求事項（17項参照）のすべてを監査します。

　部門別監査は、部門別に監査所見（適合・不適合・推奨事項）が明示されるので、どの部門のマネジメントシステムの運用が良いのかまた悪いのかを判断できるのが特徴といえます。

■監査チームメンバーへの要求事項別割当て

　要求事項別割当てとは、"要求事項別監査"（16項参照）を採用した場合であって、ISO9001規格またはISO14001規格の要求事項ごとに担当の監査員を割り当てることをいいます。

　例えば、ISO9001規格7.3項設計・開発、ISO14001規格4.3.1項環境側面に、それぞれ担当の監査員を割り当て、要求事項別に監査します。

　監査員は、割り当てられた要求事項について適用される機能部門（17項参照）をすべて監査します。

　要求事項別監査は、品質または環境マネジメントシステム要求事項別に監査所見が明示されるのでどのマネジメントシステム要求事項の運用が良いのか、また悪いのかが判断できます。これにより組織として改善すべきマネジメントシステムを特定できるのが特徴です。

71 内部監査のための作業文書を作成する

■内部監査に必要な作業文書の書式を作成する

監査プログラム管理責任者は、監査員が使用する作業文書の書式を作成します。

内部監査における**作業文書**とは、監査員の調査を容易にし、また結果を文書化し、報告するために必要な文書をいいます。

監査チームメンバーは、監査の割当てに関連する情報をレビューし、並びに参照のため及び監査の進行状況の記録のため、規定された作業文書の書式を使用し、作成します。

監査活動の程度は、監査中に収集した情報の結果によって変化し得るので、作業文書を利用することが、監査活動の程度の制限にならないことが望ましいです。

■内部監査ではこのような作業文書が使われる

監査員が、内部監査で使用する作業文書の書式の例を次に示します。

- その1　チェックリストの書式

  チェックリストは品質または環境マネジメントシステムと現状が合っているか確認するためのチェック項目と質問からなります。

- その2　内部監査報告書の書式

  内部監査報告書は、監査証拠に基づく監査所見を報告するために使用します。

- その3　是正処置要求・回答書の書式

  是正処置要求・回答書は、検出された不適合に関し、監査員が是正処置を要求し、被監査者がその回答するのに使用します。

- その4　会議記録の書式

  初回会議・最終会議の議事を記録するのに使用します。

■作業文書は監査チームメンバーが保護する

機密または所有権に関する情報を含む作業文書は、監査チームメンバーが保護します。

72 チェックリストとはどういうものか

■**チェックリストとはどういうものか**

内部監査を効果的に行うには、事前に確認項目と質問内容を記載したチェックリストを作成することが望ましいです。

チェックリストとは、マネジメントシステム、法令・規制の順守状況、活動業務の実施状況を監査するために使う文書をいいます。

■**チェックリストは次のような手順で作成する**
- 監査で見る対象とする事象・事物を決める
  ―事象・事物には、文書・記録、業務・作業、製品・サービス、設備などがある―
- 監査対象に関する要求事項を規定した文書（監査基準文書）に基づいて、監査すべき項目（チェック項目）を決める
  ―サンプルサイズ、確認の方法を決める―
  ―チェック項目を確認するための質問のしかたを決める―

■**標準形と自己記載形チェックリストがある**

チェックリストの形式には、すでにチェック項目と質問事項が作成されている標準形と監査員自身が作成する自己記載形があります。

標準形はすぐに使用できる利点はあるが、具体性に欠け、やや甘くなる傾向にあります。

自己記載形は自組織に特定した内容にできる利点はあるが作成に力量を必要とします。

■**チェックリストには次のような利点がある**
- 質問事項を事前に準備するため、監査時間が節約できる
- これまでの監査経験に基づき改善できる
- 監査員が欲しい情報が得られる

■**チェックリストは監査記録となる**

チェックリストは監査メモとして適合であったか、不適合であったかの記録となります。

73 チェックリストにはこんな利点・欠点がある

チェックリストの利点 — 効果的活用

- **自分の欲しい情報が得られる**
  - 監査員が主導権をもって監査を行うことができる

- **監査の一貫性を確保できる**
  - 経験の浅い監査員でも同じ程度の監査ができる

- **監査経験を蓄積できる**
  - これまでの監査実績に基づいて修正し、改善できる

- **評価の方法を指定できる**
  - サンプリングの仕方、確認方法をあらかじめ決められる

- **監査項目を明確にできる**
  - 要求事項が完全に確認されていることを確信できる

- **重要項目の見落しを防止できる**
  - 記憶に頼る必要がないので、認認項目の漏れを防止することができる

- **監査時間を節約できる**
  - 質問項目を事前に準備するため、考える時間がいらない

- **監査を円滑にすすめられる**
  - 質問項目を合理的な順番に並べることにより、秩序だった監査ができる

- **監査項目の標準化ができる**
  - 監査員が異なっても同じ内容の監査ができる

- **監査記録として使える**
  - 被監査業務の状態、監査証拠及び、監査所見を記録できる

欠点

- **画一的な監査になりやすい**
  - 自由度を欠き、状況の変化に対応しにくい

- **監査に慣れるとマンネリ化する**
  - 表面的な形だけの監査になりやすい

- **記載の質問項目しか確認しない**
  - チェックリストにない他の問題を見落すことがある

- **チェックリストだけにとらわれやすい**
  - 慣れないと、チェックリストに頼りがちになる

☆監査員が内部監査において、チェックリストを効果的に活用するためには、チェックリストの利点と欠点を十分把握することが必要といえます。

74 チェックリストには標準形と自己記載形がある

標準形チェックリスト　－例：ISO9001 品質マネジメントシステム－

要求事項	質問事項・確認方法	監査証拠 (規定・帳票・記録・現場確認)	判定		
			適合	不適合	推奨
7.2.1 製品に関連する要求事項の明確化	・製品に関連する要求事項が明確になっているか a) 顧客規定要求事項 b) 顧客要求事項の明示はないが用途に応じた要求事項 c) 製品適用法令・規制要求事項 d) 当社必要追加要求事項 ・受注リストから受注物件を選ぶ ・選定した物件について、上記 a) ～ d) が明確になっているかを確認する				

自己記載形チェックリスト　－例：ISO14001 環境マネジメントシステム－

被監査部門　製造部　第1製造課	監査日　20△△年　10月13日
被監査対応者　官京順守課長、省江根係長	監査員　大 浜 庄 司

要求事項：4.4.6　運用管理

質問事項・確認方法

〔監査員が自分で監査対象に合わせて作成し、記載する〕

監査証拠（適合・不適合・推奨事項）：

75 被監査者に監査実施を通知し対応を依頼する

内部監査実施を通知する

内部監査実施通知書〔例〕	発 行 番 号	
	発 行 月 日	年　月　日
	承 認 者	
	作 成 者	
監査の種類		監査対象部署	
監査の目的		監査実施日	月　日 月　日
監査の範囲		監査チーム	リーダー： メンバー：
監査の基準		初回会議 日　時	月　日　時
		場　所	

- 監査チームが必要とする設備・情報・文書・記録を提供する
- 監査チームに協力する
  ―自組織改善に対しては同じ立場―

配付 →

被監査は対応する

- 部門全員に内部監査の目的・範囲を知らせる
- 監査員に対応するスタッフを指名する

（被監査者管理職／内部監査実施通知書）

■内部監査の実施を被監査者に通知する

　監査チームリーダーが、内部監査個別実施計画（66項参照）を策定し、監査チームメンバーの同意を得て、監査依頼者の承認を受けたならば、被監査者に内部監査の実施を通知し、対応を依頼します。
―被監査者への通知は、監査プログラム管理責任者（事務局）が行ってもよい―
　このように内部監査実施を事前に被監査者に通知することを"**予告監査**"（15項参照）といいます。

■内部監査実施通知の内容例を次に示す

- 監査の目的
- 監査の範囲
- 監査の基準
- 監査チーム
- 監査対象部署
- 監査実施日
- 監査スケジュール（所要時間を含む）
  ―監査スケジュール表添付―

■監査通知による被監査者の対応の仕方

　被監査者は、内部監査実施の事前通知により、次のように対応することが望ましいです。
- 内部監査は、被監査部門全員が対象となるので、内部監査の目的及び範囲を知らせる
- 監査チームメンバーに対応する責任ある有能なスタッフを指名する
  ―監査当日、対応者の力量が、そのまま被監査者のレベルになる―
- 効果的、効率的な監査プロセスを確実に実行できるよう監査チームが必要とする設備、関連情報、文書、記録を提供する
  ―被監査者は積極的に情報を提供し、隠すことのないようにする―
- 監査目的を達成するよう監査チームに協力する
  ―監査員と被監査者は対等であり、システムの改善に対しては同じ立場にある―

第10章

現地で内部監査を実施する

この章では、現地での内部監査活動の実施について理解しましょう。

(1) 現地での内部監査活動とは、監査チームが被監査者組織に赴き、初回会議、監査証拠の収集、監査所見・監査結論の作成、そして最終会議までの活動をいいます。
(2) 最初に、監査チームと被監査者が一堂に会して、実施する内部監査に関し、共通の理解を得るため、初回会議を開催します。
(3) 監査員は、被監査者と面談し、文書監査、現場監査にて情報を収集します。
(4) 監査員は、被監査者との面談に際して、チェックリストを用いて質問し、サンプリングにより情報(資料)の提示を求めます。
(5) 監査員は、質問の三要素(表現・問い方・内容)を十分考慮して、被監査者に質問することが肝要です。
(6) 監査チームは、収集した検証可能な情報を監査証拠とし、監査基準に対して評価し、監査所見を作成します。
(7) 監査チームは、監査目的とすべての監査所見を考慮して、監査結論を作成します。
(8) 監査チームは、最終会議を開催し、被監査者に監査所見、監査結論を提示し、不適合があれば、是正処置を要求します。

76 現地での内部監査活動の実施

■被監査組織に赴き現地での内部監査活動を行う
　現地での内部監査活動とは、監査チームが被監査対象の組織に赴き、被監査者と直接面談し、内部監査の目的、範囲及び監査基準に関する情報を収集し検証することをいいます。

■現地での内部監査活動の実施手順
　現地での内部監査活動の実施手順(次頁参照)の例を、次に示します。

- 手順1　初回会議を開催する
　　まず、監査チームと被監査者とが一堂に会して、初回会議を開催して、これからどのように内部監査活動を実施するかについて共通の理解を得る。
- 手順2　情報源を特定する
　　内部監査における情報源には、被監査者との面談、記録を含む文書の調査、並びに関係分野での活動及び状態の観察がある。
- 手順3　監査証拠を収集する
　　内部監査の目的、監査範囲及び監査基準に関連する情報を適切なサンプリングによって収集し、検証する。
　　検証可能な情報だけを監査証拠とする。また、監査証拠は、入手可能な情報からのサンプルに基づいたものとし、記録する。
- 手順4　監査所見を作成する
　　入手した監査証拠を監査基準に照らして評価し、監査所見を作成する。
- 手順5　監査結論を作成する
　　監査所見及び内部監査中に収集したその他の適切な情報を、内部監査の目的に照らしてレビューし、監査結論を作成する。
- 手順6　最終会議を開催する
　　監査チームが、被監査者に監査所見及び監査結論を提示し、これを理解し認めてもらうために、最終会議を開催する。

第10章 ● 現地で内部監査を実施する

77 現地での内部監査活動の実施手順

1. 初回会議を開催する 
2. 情報源を特定する 
3. 監査証拠を収集する 
4. 監査所見を作成する 
5. 監査結論を作成する 
6. 最終会議を開催する

95

78 内部監査当日は初回会議から始める

■初回会議とは証拠収集前に行う会議をいう

初回会議とは、**監査前会議**ともいい、内部監査当日、監査証拠を収集する前に、監査チーム全員、被監査者（監査を受ける部門・プロセスの管理者）、必要に応じて監査依頼者が、一堂に会して行う会議をいいます。

初回会議では、監査チームリーダーが議長を務めます（79項参照）。

■初回会議は監査計画の相互確認を目的とする

内部監査では、形式ばった初回会議は必要ありませんが、次に示す目的をよく理解して監査の実施をお互いに協力し合って行えるような雰囲気づくりが重要といえます。
- 内部監査個別実施計画を確認する
- 内部監査活動をどのように実施するかの要点を紹介する
- 被監査者が質問する機会を提供する

■初回会議では次の事項を議題とするとよい
- 監査チーム、被監査者とその役割の紹介
- **内部監査の目的・範囲・基準の再確認**
    ―内部監査実施通知で伝達してある―
- **内部監査のスケジュールの確認**
    ―内部監査の時間割と各監査メンバーの役割分担を監査スケジュール表(70項参照)で説明し、被監査者の同意を得る―
    ―被監査者が都合の悪い場合はスケジュールを変更する―
- **内部監査の方法及び手順の説明**
    ―監査証拠はチェックリストに基づき入手可能な情報をサンプリングで収集する―
- 内部監査での被監査者の対応者の確認
- 監査チームが必要とする資源及び設備が利用可能であることの確認
- 組織内、組織外に対しての機密保持の確認
- 被監査者の疑問点、不明点の解決

79 初回会議の議事のすすめ方

監査チームリーダー | **被監査者（代表者）**

双方挨拶

監査チームリーダー側：
- これから初回会議を始めます
  〈必要な場合〉
  監査チームリーダー（自分）とメンバーを紹介する

被監査者側：
- よろしくお願い致します
  〈必要な場合〉
  被監査者代表者（自分）と出席者を紹介する

再確認

監査チームリーダー側：
- 監査の目的、監査範囲、監査基準を再確認する
  ［例］　目的：認証機関の認証取得準備
  　　　　監査範囲：組織の全部門・全製品
  　　　　監査基準：品質マニュアル1版

被監査者側：
- 同意の旨を意思表示する
  ［例］
  はい、内部監査通知書で了解しております

内部監査実施方法の説明

監査チームリーダー側：
- 監査の実施方法について、監査スケジュール表に基づき、監査の日程（時間）と各監査チームメンバーの役割分担を説明し、同意を得る
- 監査チームメンバーに対する被監査者側の対応者を依頼する
〈その他の発言例〉
- チェックリストに基づきサンプリングで確認をさせていただきます
- 現場で作業している人に質問することがあります
- 監査証拠を記録するため、メモをとりますが気にしないで下さい
- 監査にて収集した情報に関する機密保持は順守いたします

被監査者側：
- 監査の実施方法について、同意の旨の意思表示をする
  ［例］　はい、了解いたしました
- 監査スケジュールが都合の悪い場合は、この段階で変更を申し出る
  ―特に、監査時間帯の変更は、各部門間で調整し、監査チームリーダーの了解を得る―
- 監査チームメンバーに対し、各職制が対応することを回答する
- 現場作業者への質問に対しては、直接作業者から回答させるようにする
  ―その際、職制は発言を控えるようにする―
- 被監査者代表者も出席する旨を伝える

最終会議

監査チームリーダー側：
- 最終会議の日時、場所を明示する
  ［例］　最終会議は本日4時から、この会議室で行う予定です

謝意

監査チームリーダー側：
- 被監査者の協力に謝意を表す
  ［例］
  ご協力いただきありがとうございます
  これで初回会議を終わります

80　情報を収集し監査証拠とする

情報収集の基本
- 情報源を特定する
- 情報を収集し監査証拠とする
- 監査員と被監査者は対等である
- 監査証拠により判断する

■情報を特定する

　監査員は監査の目的、範囲及び基準に関連する情報を収集し検証する必要があります。

　部門、活動及びプロセス間のインタフェースに関係する情報を特定し、検証可能な情報だけを監査証拠とします。

　選択する情報源は、監査の範囲及び複雑さに応じて異なってもよいです（81項参照）。

■情報を収集し監査証拠とする

　監査証拠とする情報は、活動の観察、被監査者との面談、記録を含む文書の調査などにより収集し、文書監査と現場監査で行います。

　監査員が主導権をもって監査を行うためには、被監査者との面談は、チェックリストを用い、情報収集対象は、監査員自身がサンプリング（88項参照）で選定するとよいです。

　収集した情報は監査証拠とします。

■適合・不適合の判断は監査証拠による

　組織の品質及び環境マネジメントシステムの監査基準への適合、不適合の判断は、事実に基づく監査証拠により行います。

　監査において、監査員が被監査者に指摘するときは、監査証拠を提示するのが基本です。

　監査員は、主観的判断をせず、あくまでも監査証拠により客観的に判断することです。

■監査員と被監査者は対等である

　内部監査においては、自組織の品質及び環境マネジメントシステムの有効性の改善に対しては、監査員も被監査員も同じ立場にあります。

　従って、監査員と被監査者は、職位の差があっても対等であり、被監査員は監査員に協力し、監査目的を達成することが大切です。

　―上位職者は下位職者に圧力をかけない―

81 情報源を特定する

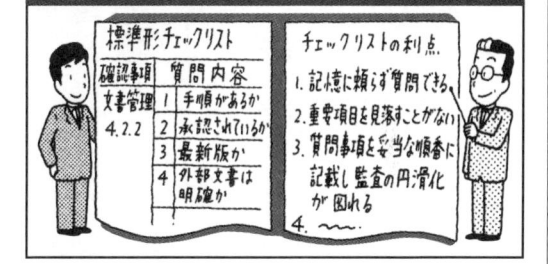

■情報はどこから収集したらよいか

情報収集に際しては、次の情報源を考慮するとよいです。
- 被監査部門の管理職・担当者との面談
- 活動、作業条件及び周囲の作業環境の観察
- 方針、目的、計画、手順、規格、指示、仕様、図面、契約、注文などを記載した文書
- 検査記録、教育訓練記録、設計・開発に関する記録、供給者評価記録、測定機器校正記録、是正処置・予防処置記録などの記録

■情報収集は被監査者との面談で行う

内部監査において、内部監査員の被監査者との面談は、情報を収集するための重要な手段といえます（83項参照）。

面談では、監査員は話しすぎず、被監査者へ多くの質問をし、相手の話を聞くことです。
—相手が話すことにより情報が得られる—

■情報収集には文書監査と現場監査がある

文書監査とは、品質または環境マネジメントシステム文書に規定されている内容が、監査基準に適合しているかを監査することです。

現場監査とは、品質または環境マネジメントシステムの活動が決められたとおりに実施されているのを、監査者がその活動現場に赴き監査することをいいます（82項参照）。

監査員は、文書監査のみに終らず、現場監査を行うとよいです。

■チェックリストにより質問し情報を収集する

内部監査で効果的に情報を得るには、事前に確認項目と質問内容を記載したチェックリストを作成し用いるとよいです（72項参照）。

チェックリストは、記憶に頼らず質問ができ、経験の浅い監査員でも同じ程度の監査ができるなどの利点（73項参照）があります。

82　情報収集には文書監査と現場監査がある

（図：文書監査 → 例：環境マニュアル監査）
（図：現場監査 → 例：ばい煙発生施設監査）

■ "文書監査"と"現場監査"

内部監査において、情報の収集は、被監査者との面談によりますが、監査する対象により、文書監査と現場監査（18項参照）とがあります。

■ 文書監査は内容が監査基準への適合をいう

文書監査とは、"書類監査"ともいい、品質または環境マネジメントシステム文書に規定されている内容が、監査基準の要求事項に適合しているかを検証することをいいます。

例えば、環境マニュアルを監査対象とし、ISO14001規格を監査基準とすれば、環境マニュアルに規定されている内容が、ISO14001規格の要求事項に適合しているかを監査します。

また、文書管理規定に記載されている内容が、ISO14001規格の4.4.5項「文書管理」の要求事項を満たしているかを監査します。

■ 現場監査は業務の監査基準への適合をいう

現場監査とは、監査員が監査対象部署に赴き、例えば、ISO14001規格、環境マネジメントシステム文書に規定されたとおりに、業務を実施しているかを監査することをいいます。

この際、記録などの提示を求めます。

現場とは、製造・サービス提供現場だけでなく、設計・購買部門のなどの職場を含みます。

例えば、ばい煙発生設備であるボイラーを監査対象とし、その運転手順書を監査基準とすれば、ボイラーが手順書どおり運転されているかを運転現場に赴いて監査します。

■ 文書監査と現場監査は車の両輪である

内部監査で、品質または環境マネジメントシステムの活動の実体を検証するには、文書監査とともに、巡視により現場を検証する現場監査が車の両輪として不可欠といえます。

83 情報収集は被監査者との面談で行う

面談の手順

被監査職場を観察する → 被監査者に質問する → 被監査者の回答を検証する → 監査証拠を記録する

■被監査者との面談で情報を収集する

監査証拠のための情報収集は、文書監査、現場監査において、活動状況を観察し、被監査者との面談により行います。

被監査者との面談では、監査員は、観察し質問し、被監査者の回答の裏付をとって検証し、記録をとることです。

情報収集時に、不適合が検出されたら、被監査者に、その場で確認をとるとよいです。

■監査員は観察し、質問し、検証し、記録する

- その1　被監査職場を観察する

監査員は、客観的に判断できる監査証拠を得るためには、被監査者の職場の雰囲気、対応の仕方などを、よく観察しましょう。

- その2　被監査者に質問する

監査員は、チェックリストにより質問し自分が望む情報を得ましょう（86項参照）。

- その3　被監査者の回答を検証する

監査員は、被監査者の口答での回答と、実際に行われていることが一致しているかどうかを文書、記録にて確認しましょう。

- その4　監査証拠を記録する

監査員は、面談で得た情報をメモにとって記録し、監査証拠とします。

監査員は、適合の記録をとることが大切で、不適合・推奨事項が検出されたならばそれを記録します。

適合の記録とは、サンプリングした情報が適合していたという記録です。

■不適合が検出されたら被監査者の確認をとる

監査員は、不適合が検出されたら、その場で、監査証拠を提示し、被監査者に不適合であることの確認をとるとよいでしょう。

―誰れの確認を得たかを記録するとよい―

84 監査員が守るべき面談の心得

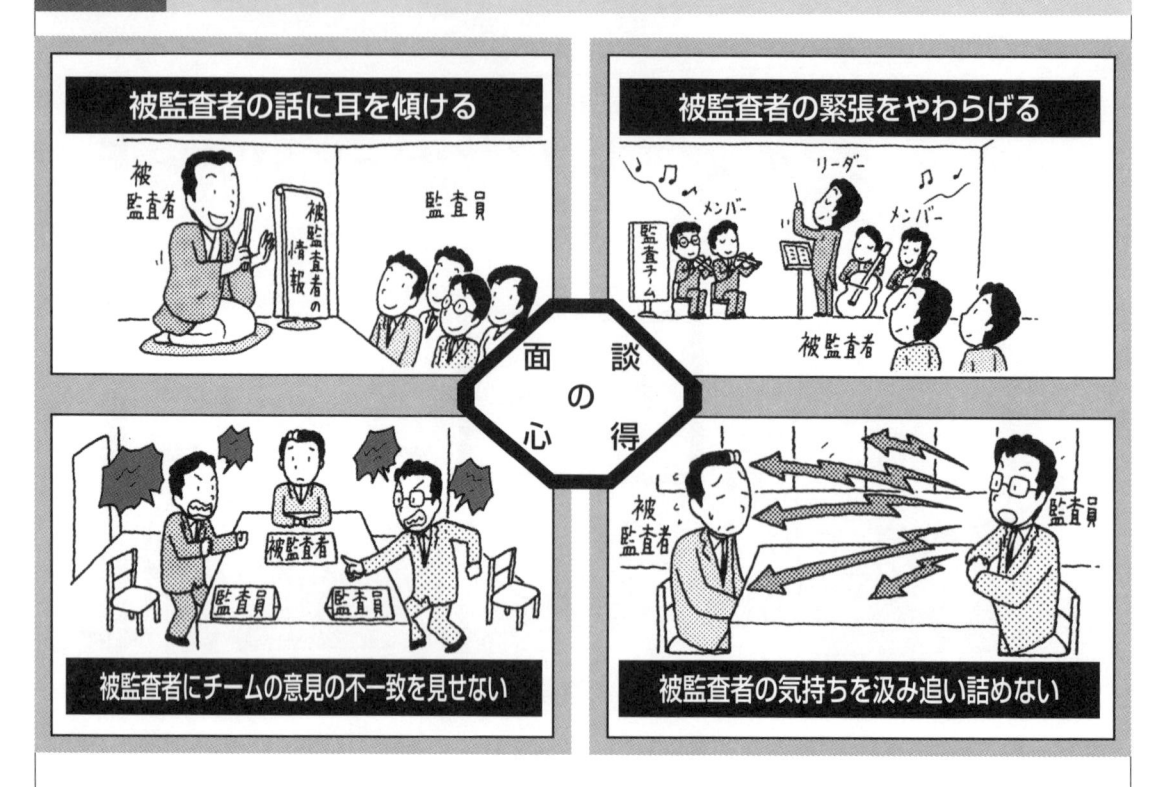

被監査者の話に耳を傾ける	被監査者の緊張をやわらげる
被監査者にチームの意見の不一致を見せない	被監査者の気持ちを汲み追い詰めない

面談の心得

■面談では被監査者への配慮が必要である

　内部監査での被監査者との面談は、自分が監査員として、必ずしも被監査者から好意をもって迎えられていないかも知れないという認識から始めるとよいでしょう。

　従って、監査員は被監査者から適切な情報を得るには次のような配慮をするとよいです。

■面談で被監査者に対して配慮すること
- 被監査者の業務を妨げない
―業務を妨げないよう行うという認識をもつ―
- 被監査者の緊張をやわらげる
―最初は簡単に答えられる質問から始める―
- 被監査者の立場を考える
―被監査者の気持を汲み追い詰めない―
- 被監査者にプレッシャーをかけない
―緊張感を与えず温い気持で接する―
- 被監査者に対し高慢な態度をとらない

■監査員が情報収集に際して配慮すること
- 被監査者の話に耳を傾ける
- 主観を交えず客観的に対処する
- 不適合が無いからといって捜し回らない
- 活動を批判しない―適合なら良しとする―
- 事実を把握する―質問し多く情報を得る―
- 被監査者の業務・達成について指摘する
　―個人名をあげて弱点を指摘しない―
- 面談中被監査者に意見の不一致を見せない

■監査員への教訓
- 推測、推論をするな
- 喋り過ぎるな
- 早計な判断をするな
- 注意力を欠くな
- 転嫁するな
- 勝手な解釈をするな
- 身構えるな

85 監査員が被監査者との面談でとるべき態度

情報収集の手段 — 面談 / 情報の収集 面談（監査チーム・被監査者）

良い聞き手 — 監査員

批判しない

論争しない

■監査員の被監査者との面談で考慮すべき事項

　内部監査において監査員の被監査者との面談は、情報を収集するための重要な手段の一つです。その場の状況及び被面談者に合わせて行い、次の事項を考慮するとよいでしょう。
- 面談は、活動または業務を遂行している適切な階層または部門の人に対して行う
- 面談は、差し支えなければ、被面談者の普段の職場で行う
- 面談を行う理由、及びメモをとるのであれば、その理由を説明する

■監査員は面談中次のような態度をとるとよい
- 礼儀を重んじ、毅然とした態度で被監査者と接する
- 親切心と寛容さを忘れない
- 倫理的な行動をとる
- 被監査者と対等な立場で対応する

■監査員が面談で行うとよい事項
- 質問を多くし、相手の話を聞くこと
　　—相手が話すことにより情報が得られる—
- 事実を把握すること
　　—監査員の主観、推測はさける—
- 相手を褒めること
　　—正しく実行されていれば称賛する—

■監査員が面談で行ってはならないこと
- 知ったかぶりをしないこと
　　—自分は"有能"であると慢心しない—
- 論争しないこと
　　—監査に来たことを忘れるな—
- 相手の上司の批判をしないこと
　　—部下の批判もするな—
- 他部署の問題点を引合いに出さないこと
　　—相手は自職場の問題点も他でいわれていると思い、口を閉ざす—

86 面談ではチェックリストをどう使うのか

チェックリストの使い方

被監査者から情報を収集する質問に使う　　**収集した情報（監査証拠）の記録に使う**

標準形チェックリスト

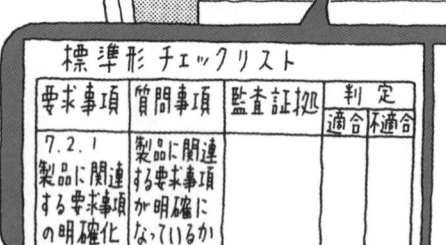

要求事項	質問事項	監査証拠	判定 適合/不適合
7.2.1 製品に関連する要求事項の明確化	製品に関連する要求事項が明確になっているか		

自己記載形チェックリスト

被監査部門＿＿＿　監査日＿＿＿
被監査対応者＿＿＿　監査員＿＿＿
要求事項：4.4.6 運用管理
質問事項

■ チェックリストの使い方には二つある

　内部監査において、チェックリストは、監査員が被監査員から情報を収集するための質問としての使い方と、収集した情報の監査証拠の記録としての使い方と二つあります。

■ 被監査者から情報を収集する質問に使う

　監査員は、次のようにチェックリストを活用して質問し、被監査者から情報を収集するとよいです。

- その1　チェックリストに書いてある"文字どおり"に質問する必要はない
―その状況に合わせて表現を変えてもよい―
- その2　チェックリストに書いてある質問で"話を切り出し"、その後の展開はチェックリストにこだわることはない
―チェックリストは監査の展開を制限するものではなく、柔軟性をもって質問する―
- その3　チェックリストにより自分の行っている質問の方向を見失わないようにする
―被監査者の長々とした回答に振り回されないようにする―
- その4　チェックリストの全項目を満遍なく質問することも大切だが、必ずしも、全項目を質問する必要がないこともある。
―必要な回答が得られれば、よしとする―
- その5　チェックリストに基づいて質問した結果、不適合が検出されなければ、それでよしとする

■ 収集した監査証拠の記録として使う

　チェックリストは、"監査メモ"として、収集した情報を記録し、監査証拠とします。
　チェックリストには、"適合の記録"、"不適合の記録"として、何を検証して適合にしたのか、不適合にしたのかを記録します。

87 情報収集は監査員が主導権をもって行う

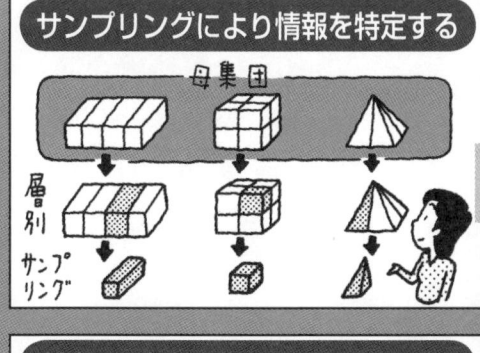

■サンプリングにより情報を特定し収集する

監査員は、サンプリングにより、提示を求める情報（資料）を特定し収集することで、監査において主導権をもつことができます。

サンプリングでは、偶然に出会った対象物、作為的に選択した対象物を調査するのではありません（88項参照）。

サンプリングとは、母集団（監査対象物の全体）を識別し、その母集団を層別（種類に分ける）して、層別したそれぞれのグループからサンプル（情報）を特定することです。

これにより、監査対象の全体の中から、特定の情報（資料）を選定することができます。

■監査員が主導権をもって情報を収集する

監査員が主導権をもって情報を収集することにより、被監査者の品質または環境マネジメントシステムの実情を正しく把握できます。

■監査員が主導権をもつ情報収集の例を示す

- その1　監査員は提示を求める情報をサンプリングにより特定する
  ―被監査者があらかじめ用意したサンプル情報（資料）を見るのではない―
- その2　監査員はあらかじめ事前に用意したチェックリストにより質問し、自分が望む情報を得る
  ―被監査者が事前に用意した情報（被監査者に有利な情報）を聞くのではない―

■検証可能な情報を監査証拠とし記録する

監査員は、内部監査の目的、範囲及び監査基準に関連する情報を収集し、検証可能な情報だけを**監査証拠**とし、記録するとよいです。

情報は、不適合の証拠のみならず、適合の証拠、推奨事項（改善すべき事項）を収集し記録することが大切です。

88 サンプリングにより情報を特定する

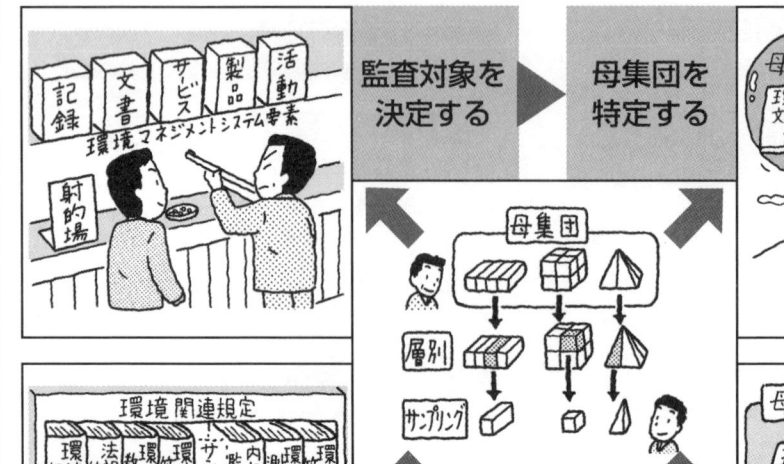

■情報収集はサンプリングにより行う

内部監査における情報収集は、限られた人員（監査員）と日程で実施しますので、監査対象部署（被監査者）の活動、製品、サービス、文書、記録のすべてを監査することは困難といえます。

そのため、監査すべき対象から、あらかじめ設定したサンプリング方式によって、監査対象を決めます。

■監査対象のサンプルをとる基本的考え方

サンプルとして監査対象とする活動、製品、サービス、文書、記録は、サンプリングにより、監査員が特定します。

被監査者があらかじめ用意し、自発的に提示されるサンプル（情報）ではありません。
—被監査者が事前に用意するサンプル（情報）は、一般に、適合のサンプルである—

■サンプリングのしかた

- **母集団を特定する**

    —母集団を特定するには、母集団に含まれるすべての単位体のリスト、ファイル、台帳などを被監査者に提示を求める—

    —母集団とは、監査員が結果を導き出そうとしている対象の全体をいう—

    例：監査対象を文書とすれば、文書管理台帳が母集団です。

- **母集団を層別する**

    —層別するとは、母集団全体が均一に監査できるように、種類別に区分すること—

    例：文書管理台帳から文書を規定、手順書、図面などに区分する。

- **サンプルを選ぶ**

    —母集団を層別した、それぞれのグループからサンプルを選ぶ—

    例：規定、手順書、図面からそれぞれ選ぶ。

第10章●現地で内部監査を実施する

89 サンプリングによる質問の仕方

```
供給者の評価記録 —例—              測定機器の校正記録 —例—
    ┌─ 母集団 ─┐                      ┌─ 母集団 ─┐
    │供給者一覧表│                      │校正対象測定機器一覧表│
    └─────┘                      └──────────┘
    ┌─ 層 別 ─┐                      ┌─ 層 別 ─┐
  購入業者│外注業者│委託業者          電気測定器│機械測定器│物理測定器
   ↓     ↓     ↓                    ↓      ↓      ↓
 A社材料業者 B社加工業者 C社運送業者   登録番号101 登録番号201 登録番号301
                                    電流計    マイクロメータ 棒状温度計
    └─── サンプル ───┘              └──── サンプル ────┘
```

■供給者評価記録のサンプリングの仕方

監査員が供給者の評価記録（ISO9001：2008.7.4.1項）を、サンプリングにより提示を求める質問の仕方を、次に例示します。

● 供給者一覧表を母集団とする場合
＜質問＞供給者一覧表を見せてください
—供給者一覧表を母集団として、購入業者（カタログ製品）、外注業者（加工業者）、委託業者（運搬業者）などに層別し、それぞれからサンプルA社、B社、C社を選ぶ—
＜質問＞A社、B社、C社の評価の記録を見せて下さい

● 供給者への発注伝票を母集団とする場合
＜質問＞前月の発注伝票を見せて下さい
—発注伝票ファイルから、購入業者、外注業者、委託業者と層別し、サンプルを選ぶ—
＜質問＞購入業者A社、外注業者B社、委託業者C社の評価記録を提示してください

■測定機器校正記録のサンプリングの仕方

監査員が測定機器の校正記録（ISO9001：2008.7.6項）を、サンプリングにより提示を求める質問の仕方を、次に例示します

● 測定機器一覧表を母集団とする場合
＜質問＞校正対象の測定機器一覧表を見せてください
—測定機器一覧表を母集団として、電気測定器、機械測定器、物理測定器などに層別しそれぞれからサンプルを選ぶ
＜質問＞登録番号101の電流計、201のノギス、301の温度計の校正記録を提示してください

● 職場使用測定機器を母集団とする場合
＜質問＞この職場で使用している登録番号101の電流計、201のマイクロメータ、301の温度計の校正記録を提示してください
—電気・機械・物理測定器に層別し選ぶ—

90 質問の仕方のテクニック

■監査員は被監査者に質問し検証する

　監査員は、事前に用意したチェックリストを用いて、被監査者に質問することにより、自分が望む情報が得られ、主導権をもつことができます。

　監査員は、被監査者の回答の裏付情報として、実際に行われていることと一致しているかを観察し、文書、記録の提示を求め、回答の信ぴょう性を検証することが肝要です。

　監査員は、監査中に得た情報をすべてメモし、マネジメントシステムの適合、不適合の監査証拠として、記録するとよいです。

■質問は表現・問い方・内容の三要素からなる

- その1　質問の表現の仕方（91項参照）
  - ☆質問内容は一点に的を絞って集中する
  - ☆相手が理解できる用語で質問する
  - ☆テーマに直接関係のある質問をする

- その2　質問の問い方（92項参照）
  問い方には発展形質問と完結形質問がある。
  - ☆発展形質問は、5W1Hにより事実についての情報を収集するのに役立つ
  - ☆完結形質問は、"はい""いいえ"で回答できる質問で、結論が早く得られる

- その3　質問の内容（91項参照）
  - ☆事実を問う…情報または意見を求める
  - ☆選択させる…複数項目から選択を強いる
  - ☆仮定する……事態を想定し回答を求める
  - ☆強調する……回答を求めず強く話しかける

■適正な回答を得るための質問のテクニック

- 簡潔にポイントを得た質問をする
- "見せて欲しい""教えて欲しい"と質問する
- 自分の知識水準を超える質問はしない
- 必要な場合は再度質問を繰り返す

91 質問は表現・問い方・内容の三要素からなる

■質問は表現・問い方・内容の三要素にて行う

　監査員の被監査者への質問は、表現・問い方・内容の三要素を考慮して行うとよいです。

■質問の表現は次のように行うとよい
- 質問内容は一点に的を絞って集中する
　―一問一答で質問する―
- テーマに直接関係のある質問をする
　―まわりくどい質問は避ける―
- 肯定的な見方で質問する
　―否定的な見方での質問はしない―
- 相手が理解できる用語で質問する
　―専門用語での質問はできるだけ避ける―
- 堅くなく、やわらかな表現で質問する

■質問には次のような問い方がある

　質問の問い方には、**発展形質問**と**完結形質問**があり、詳しくは92項に示してあります。

■質問には次のような内容のものがある
- 事実を確かめるための質問
　―例：内部監査は、誰が行うのですか―
- 多くの中から選択させるための質問
　―例：内部監査は、第一者監査、第二者監査、第三者監査のどれに該当しますか―
- 妥当性を確かめるための質問
　―例：内部監査員は、監査技法を学ぶことが、なぜ必要であると、お考えですか―
- 期待する方向に誘導するための質問
　―例：内部監査は、マネジメントシステムの適合性検証に効果的ですね―
- 論旨を強調するための質問
　―例：内部監査は、マネジメントシステムの有効性改善に不可欠と思いませんか―
- 仮定し結論を引き出すための質問
　―例：もし、内部監査を実施しなかったら認証機関の審査で適合になりますか―

92 質問には発展形と完結形とがある

■監査員は情報量の多い発展形質問がよい

監査員が、監査証拠収集において、被監査者から多くの情報を得るには、議論を活発にする5W1Hによる発展形質問を多くするとよいです。

〈5W1H〉

- Who：誰が…責任者、担当者、部門名
  ―誰がするのですか？―
- Why：なぜ…理由、目的、目標
  ―なぜするのですか？―
- When：いつ…日時、期日、頻度、開始
  ―いつするのですか？―
- Where：どこで…サイト、工程、部門
  ―どこでするのですか？―
- What：何を…製品、サービス、活動
  ―何をするのですか？―
- How：どのように…手順書、仕様書
  ―どのようにするのですか？―

■完結形質問による切口から発展形質問に導く

完結形質問は、被監査者が、"はい"、"いいえ"で回答するので、被監査者の意思を確認するには便利ですが、多くの情報を得るには不向きといえます。

チェックリストは完結形質問形式が多いので、完結形質問による切口から、発展形質問への導き方を、次に説明します。

- "～がありますか"の完結形質問に対して"はいあります"の回答なら、"それを見せて下さい"と質問し、発展形質問（5W1H）で情報を得るようにします。
- "～がありますか"の完結形質問に対して"いいえありません"の回答なら、"なぜ、それがなくてもよいのですか、教えてください"と質問し、発展形質問（5W1H）で情報を得られるようにします。

―"いいえ"の回答で質問を打切らない―

第10章●現地で内部監査を実施する

93 適正な回答を得るための質問のテクニック

（図：質問のテクニック・質問の内容・質問相手の選定）
- 質問内容のテクニック —"見せて欲しい"と頼む—
- 質問相手の選び方 —当事者に質問—
- 質問相手の選び方 —同じ質問・異なる人—
- 質問相手の選び方 —管理者・担当者分離—

■監査員の質問のテクニック

監査員が被監査者との面談において、適正な回答を得るには、質問の内容のテクニックと質問相手の選び方のテクニックがあります。

■簡潔にポイントを選び質問をする
- 被監査者が内容を理解できる質問をする
  —抽象的な内容の質問をしない—
  —あまり範囲の広い質問をしない—

■見せて欲しい、教えて欲しいと質問する
- よく分からないから"見せて欲しい"、"教えて欲しい"と頼む姿勢が望ましいです
  —これにより監査証拠の提示を求め、確認、評価することができる—
- 監査員は被監査者よりもよく知っているのだ、という態度を示さない方がよいです
  —被監査者は話す必要はないと考える—

■当事者に質問する
- 品質または環境マネジメントシステムの実行に直接かかわっている人に質問します。
  —実際に作業している人、その部署の責任者に質問する—

■管理者と担当者を分けて質問する
- 管理者のいるところで、担当者に質問しても**"現実の姿"**そのままの回答を得るとは限りません。
  —担当者は管理者を気にすることがある—

■同じ質問を異なる人にする
- 同じ質問を同じ業務を行う異なる人にすると、被監査者の品質または環境マネジメントシステムに対する手順の確立を確認できます。
  —被監査者の回答に相異があれば問題です—
  —差のあるところに不適合あり—

94 プロセスを評価するための質問

プロセス評価のための四つの質問

質問1	プロセスは明確にされ、適切に定義されているか
質問2	責任は割り当てられているか
質問3	手順は実施され、維持されているか
質問4	プロセスは要求された結果を達成するのに効果的か

プロセス明確化の六つの質問

- 質問1 インプットは何を受けているか
- 質問2 アウトプットは何を提供しているか
- 質問3 何を用いて行うのか －設備・測定機器－
- 質問4 どのような力量をもつ要員が行うのか
- 質問5 どのような手順で行うのか
- 質問6 何を基準に行うのか

■プロセスを評価するための四つの質問

組織の品質または環境マネジメントシステムを評価する際、評価の対象となるすべてのプロセスに対して、次の四つの基本的な質問をして確認を行うことが望ましいです。

- 質問1 プロセスは明確にされ、適切に定義されているか
- 質問2 責任は割り当てられているか
- 質問3 手順は実施され維持されているか
- 質問4 プロセスは要求された結果を達成するのに効果的か

上記の質問に対する被監査者の回答をまとめることで評価結果を決定することができます。

■プロセスの明確化に関する六つの質問

品質または環境マネジメントシステムを構成するそれぞれのプロセスに関し、その明確化に関し次の六つの質問をするとよいです。

- 質問1 インプットとして何を受けているのですか―インプットは明確か―
- 質問2 アウトプットとして何を提供しているのですか―アウトプットは明確か―
- 質問3 どのようなインフラストラクチャー（例：設備・測定機器）を用いて行うのですか―管理された状態か―
- 質問4 どのような力量をもつ要員が行うのですか―要員の力量は明確か―
- 質問5 どのような手順で行うのですか
- 質問6 何を基準にして行うのですか

■プロセスの有効性に関する三つの質問

- 質問1 プロセスの要求された結果は何か
- 質問2 何を指標として結果が得られたと判断していますか
- 質問3 プロセスは実施されていますが、要求された結果が得られていますか

95 事実を確認するための質問

質問の手順	例：監視機器及び測定機器の管理－ISO9001：2008, 7.6 項		
	要求事項	監査員の質問－例－	被監査者の回答－例－
要求事項に関してプロセスがあるか	・監視及び測定が実施できることを確実にするプロセスを確立しなければならない	・製品の適合性を実証する監視及び測定のプロセスがありますか	・プロセスは品質マニュアルの 7.6 項に規定しております
プロセスは必要に応じて文書化されているか	・品質マニュアルに記述する ・"文書化された手順"の要求はない	・品質マニュアルの 7.6 項にどう規定されているか説明して下さい	・品質マニュアルの 7.6 項を説明する
確立したプロセスに基づいて実施しているか	－例－ ・校正の状態を明確にするために識別を行う	・校正対象測定機器のリストを見せて下さい ・サンプリングした測定器の校正表示を確認する	・これが校正対象測定機器のリストです
必要な記録は維持されているか	・校正及び検証の結果の記録を維持しなければならない（4.2.4 参照）	・現場でサンプリングする ・この測定機器の校正記録を見せて下さい	・これが提示を求められた測定機器の校正記録です

■監査員は"事実を確認する"必要がある

　内部監査における監査証拠とするための情報収集は"事実を確認する"ことにあります。

　そのためには、監査員は、次の事項を確認する必要があります。

- 品質または環境マネジメントシステムの要求事項に対してプロセスが確立されていること
- ISO9001規格、ISO14001規格が要求する"文書化された手順"、"組織が必要と決定した文書"が文書化されていること
  ―ISO9001規格、ISO14001規格で文書化が要求されている文書以外は、プロセスが確立されており、組織が必要と決定しなければ、文書化されていなくても不適合ではない―
- ISO9001規格、ISO14001規格が要求する記録及び組織が必要と決定した記録が維持されていること

■事実を確認するための質問の仕方

　監査員は、事実を確実するために、次の四つの質問をするとよいです。

- 質問1　ISO9001規格、ISO14001規格の要求事項に対して、プロセスが確立されていますか
- 質問2　プロセスは、必要に応じて文書化されていますか
- 質問3　確立したプロセスに基づいて実施していますか
- 質問4　必要な記録は維持されていますか

■事実の確認のための五つの質問

　質問1　そのプロセスは誰れが行うのですか
　質問2　そのプロセスはなぜ行うのですか
　質問3　そのプロセスはいつ行うのですか
　質問4　そのプロセスはどこで行うのですか
　質問5　そのプロセスはどう行うのですか

96 産業廃棄物の管理に関する質問

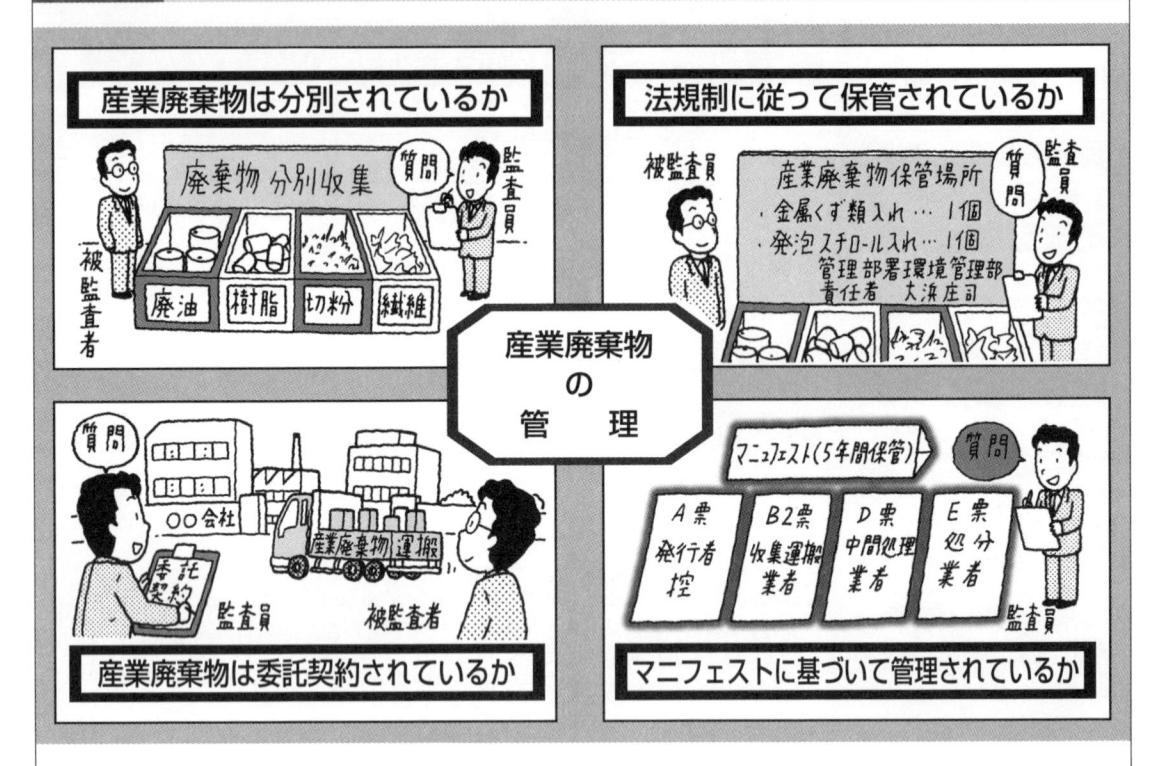

産業廃棄物は分別されているか

法規制に従って保管されているか

産業廃棄物は委託契約されているか

マニフェストに基づいて管理されているか

産業廃棄物の管理

■ プロセスの実施は現場で監査する

内部監査においては、会議室などでの書類や記録の確認のみでなく、実際に活動が実施されている現場に赴き、マニュアル、規定、手順書に定められているプロセスが実施されているかを確認することが重要といえます。

そこで、環境現場でのプロセス実施を確認するための質問の例を、次に示します。

■ 産業廃棄物管理に関する現場での質問例

質問1　産業廃棄物は、基準に定められた通りに分別されていますか
- 産業廃棄物をどのように分別するかは、組織の産業廃棄物規定などに決められている場合が多いです

質問2　産業廃棄物は、法規制に従って保管管理されていますか
- "廃棄物処理法"（廃棄物の処理と清掃に関する法律）は、産業廃棄物の分別以降を規制の対象としており、組織構内の産業廃棄物の保管も規制の対象です

質問3　産業廃棄物の処理（運搬・処分）のための契約が行われていますか
- 一般に、産業廃棄物は、専門業者に委託して処理されるが、委託するためには、委託契約を締結しなければなりません

質問4　マニフェスト（管理票）に基づいて管理が行われていますか
- 産業廃棄物の処理に当っては、マニフェストの発行と処理が終了した後の保管（5年間）が義務づけられています

質問5　産業廃棄物処理施設は設置許可を受け、技術管理者を選任していますか
- 産業廃棄物の処理施設には、脱水施設、乾燥施設、中和施設、破砕施設、焼却施設があり、都道府県知事の許可が必要です

97 排水・浄化槽・土壌汚染・振動に関する質問

■排水処理に関する質問
　質問1　処理排水は規制基準を満していますか
　●pHが基本的な運用基準として範囲が定められ、連続的に監視されているかを確認するとよいです
　質問2　排水処理施設の管理は手順どおり行われていますか
　●排水処理施設は、手順に基づき運転され、定められた運転基準を満しているかを確認しましょう

■浄化槽に関する質問
　質問1　浄化槽は定期点検、水質測定が行われ、その内容が確認されていますか
　●委託業者からの点検結果報告書、測定結果報告書の内容を確認するとよいです
　質問2　浄化槽の処理水に異常はないですか
　●濁りや浮遊物がないかを確かめることです

■土壌汚染に関する質問
　質問1　すべての土壌汚染源が管理の対象になっていますか
　●ドラム缶置場、薬液タンク、産業廃棄物保管場所などの管理を確認するとよいです
　質問2　貯油タンクは油漏れに備えて防油堤がありますか
　●地上貯油タンクは油の流出を防ぐための防油堤が必要であり、防油堤にひびなどの損傷がないかどうかを確認しましょう

■振動に関する質問
　質問1　発生する振動は規制基準を満していますか
　●振動規制法、地方条例、公害防止協定などの規制値以下かを確認するとよいです
　質問2　振動に関し地域住民からの苦情はないですか

98 ボイラー・騒音・危険物貯蔵所に関する質問

ボイラーは管理状態で運転されているか

危険物貯蔵所の保管状態は適切か

騒音は敷地境界で法規制を満してるか

事務所で省エネ・省資源が図られているか

■ボイラーに関する現場での質問
　質問1　法に基づく届け出、排ガス測定などが管理されていますか
　● ボイラーは、大気汚染防止法で50ℓ/h以上の燃焼能力をもつものが規制対象設備となっており、届け出、排ガス測定、測定記録保管などが義務づけられています
　質問2　燃料の重油の成分を分析表などにより確認していますか
　● 重油使用の場合は、定期的に分析表などにより含有量を確認する必要があります

■騒音に関する現場での質問
　質問1　敷地境界での騒音レベルは法規制値以下になっていますか
　● 騒音規制法での騒音規制値は、敷地境界の値であるので、実際に敷地境界で騒音を測定し確認するとよいです

■危険物貯蔵所に関する現場での質問
　質問1　保管量は定められた最大保管量以下になっていますか
　● 最大保管量を守れる仕組み（例：入出庫管理表）があり、運用されているかどうかを確認するとよいです
　質問2　保管状態は管理された状態ですか
　● 物質毎の表示があり、それぞれが規定の場所に整然と置かれているかを確認します

■事務所・作業場での質問
　質問1　不要になった紙類の再資源化に努めていますか
　● 紙類の多くは、コピー紙や段ボールですので、その使い方と再資源化を確認します
　質問2　電力、石油、水などエネルギー、資源の無駄はないですか
　● 省エネ、省資源活動の状況を確認します

99 監査メモはどのように取るのか

適合の記録の記載例 －監査メモ－

場　　所：品質保証部検査課
測定器名称：○○○○
登録番号：××××
適　　合：校正表示は20△△年△月で有効期限内である
監査基準：ISO9001：2008, 7.6(c)項

場　　所：技術部設計課
図面名称：○○○○
図面番号：××××
図面版数：□版
発行日：20△△年△月△日
適　　合：図面承認欄に権限者である課長の承認がある
監査基準：ISO9001：2008, 4.2.3(a)項

不適合の記録の記載例 －監査メモ－

場　　所：品質保証部検査課
測定器名称：○○○○
登録番号：××××
不適合：校正表示が20△△年△月とあり、2ヶ月前に切れていた
監査基準：ISO9001：2008, 7.6(c)項

場　　所：技術部設計課
図面名称：○○○○
図面番号：××××
図面版数：□版
発行日：20△△年△月△日
不適合：図面の課長承認欄に承認がない
監査基準：ISO9001：2008, 4.2.3(a)項

■正確に収集情報を残すため監査メモをとる

内部監査において、監査メモは、監査員がサンプリング（88項参照）により、何を情報として収集して監査証拠としたかの記録として残すために取ります。

監査証拠としての監査メモは、"監査チームミーティング"（106項参照）及び"最終会議"（107項参照）での監査所見のまとめ、被監査者への報告、そして内部監査報告書（109項参照）の作成時に利用するとよいです。

■監査メモは被監査者の了解を得てとる

監査員が被監査者との面談においてメモを取っていると、被監査者が何を書かれているか不安になったり、面談が中断し、その場の雰囲気が重苦しくなることがあるので、初回会議の場で被監査者にメモを取ることの了解を得ておくとよいでしょう。

■監査メモとして記載すべき事項

監査メモの内容は、事実の再現性が得られるように、次の事項を記載するとよいです。

＜文書・記録＞　文書、記録の標題、発行日、文書番号、改訂番号

＜部品・製品＞　部品・製品の名称、識別番号、ロット番号、コード番号・記号

＜機器・設備＞　機器・設備の名称、登録番号、必要に応じて点検日・操作者

＜監査基準に対し判定必要事項＞
収集した情報が監査基準に対して"適合"か"不適合"かを判定するに必要な事項

＜情報収集場所＞　情報を収集した部門、プロセス、場所

■チェックリストを監査メモとして使用する

チェックリスト（74項参照）の監査証拠欄を監査メモとして使用するとよいです。

100 監査所見作成から最終会議開催までの手順

（図：監査証拠の記録 → 監査所見の作成 → 監査結論の作成 → 最終会議の開催）

■監査証拠に基づき監査所見を作成する

　監査チームは、チームミーティングを行い、被監査者との面談などで収集した検証可能な情報を監査証拠とします。監査証拠を評価して監査所見を作成します（101項参照）。

　監査所見とは、収集した監査証拠を監査基準に対して評価した結果をいいます。

■監査所見には次のような種類がある

　監査所見には、監査基準に対して、**"適合"** **"不適合"** とがあり、監査の目的で規定されている場合には **"改善の機会"** を特定します。
- **適合**とは要求事項を満たしていることをいう
　―適合の根拠となる証拠を記録する―
- **不適合**とは要求事項を満たさないことをいう
　―不適合の根拠となる証拠を記録する―
- 不適合を **"重要な不適合"**、**"軽微な不適合"** と等級付けしてもよいです（104項参照）

■監査所見に基づき監査結論を出す

- 監査チームは、監査チームミーティングにおいて作成した監査所見に基づき、監査結論を出します（106項参照）。
- **監査結論**とは監査目的とすべての監査所見を考慮したうえで、監査チームが出した監査の結論をいいます。

■最終会議を開催する

- 監査チームリーダーは、被監査者に監査所見及び監査結論を提示し、理解し認めてもらうために、最終会議を開催します（107項参照）。
- 最終会議では、監査チームリーダーが議長を務め、次のような手順で行います。
　☆監査の目的・範囲・基準を再確認する
　☆監査所見を提示する
　☆是正処置に対する被監査者の約束を得る
　☆監査結論を提示する

101 監査証拠を評価し監査所見を作成する

■**監査チームは監査所見を作成する**

監査チームは、被監査者との面談などによる情報の収集が終了したら、監査チームミーティング（106項参照）を行います。

チームミーティングでは、検証可能な情報だけを監査証拠とし、監査基準（例：ISO 14001）に照らして監査所見を作成します。

監査チームミーティングにより、監査員の適合性評価に対する一貫性を図ります。

■**監査証拠には計画面と運用面とがある**

監査証拠とは、監査基準に関連し、かつ、検証できる記録、事実の記述をいいます。

監査証拠には要求事項（監査基準）に対してどのようにするかの**計画面の監査証拠**（例：環境マニュアル・規定）と、要求事項に対してこのように実施したという**運用面の監査証拠**（例：監査報告書・校正記録）があります。

■**監査所見には次のような種類がある**

監査所見には、監査基準に対して"**適合**"、"**不適合**"とがあり、また、"**改善の機会**"として、"**推奨事項**"を特定できます。

- **適合**とは要求事項を満たしている事をいう
  ―適合の証拠を記録しておく―
  ―要求事項の例：ISO14001規格、法令規制要求事項、環境マニュアル、規定―
- **不適合**とは要求事項を満たさない事をいう
  不適合は、次のように表明します
  - ■**監査基準**…不適合の根拠となる要求事項
  - ■**不適合の状況**…何が不適合なのか
  - ■**不適合の証拠**…計画面・運用面の証拠
- 改善の機会としての**推奨事項**の例は
  - ■不適合にする証拠が不十分
  - ■このまま放置しておくと近い将来、不適合を発生することが予想される状況
  - ■システムを改善することが望ましい場合

102 監査証拠には計画面と運用面がある

```
               監　査　証　拠　－Audit evidence－
                    ↓                    ↓
         計画面の監査証拠            運用面の監査証拠
        －活動のインプットの証拠－   －活動のアウトプットの証拠－
```

【計画面の監査証拠 例】
- 目的、目標（環境目的・目標、品質目標）
- マニュアル（品質マニュアル・環境マニュアル）
- 規定類（品質関連・環境関連規定）
- 手順書類（品質関連・環境関連手順書）
- プロセスチャート（品質・環境）
- 管理リスト（品質・環境）
- 未記入の帳票類（品質・環境）

→活動→

【運用面の監査証拠 例】
- 記録 〔教育・訓練記録・是正処置記録 / 供給者評価記録・検査記録〕
- 報告書〔内部監査報告書〕
- 議事録〔品質会議議事録 / 営業会議議事録〕
- 記入済の帳票類（品質・環境）
- 観察内容（被監査者からの聴取を含む）

■監査証拠とは

監査証拠とは"監査基準に関連し、かつ検証できる、記録、事実の記述またはその他の情報"（ISO9000、3.9.4項）をいいます。

監査証拠は、単なる記録、事実の記述ではなく"検証できる"ことです。

検証とは"客観的証拠を提示することによって、規定要求事項が満たされていることを確認する"（ISO9000、3.8.4項）ことで、客観的証拠の提示が必要となります。

客観的証拠とは"あるものの存在または真実を裏付けるデータ"をいいます（ISO9000、3.8.1項）。

客観的証拠は、観察、測定、試験またはその他の手段によって得られます。

以上をまとめると、監査証拠とは"監査基準に基づいて評価するための存在または真実を裏付ける客観的な特定の情報"となります。

■監査証拠には計画面と運用面とがある

監査には二つの側面があります

- その1　組織の品質または環境マネジメントシステムが、監査基準に適合しているかを評価する計画面の側面
- その2　組織の品質または環境マネジメントシステムが、確実に運営され維持されているかの有効性を評価する運用面の側面
- 従って、品質または環境マネジメントシステムの監査における監査証拠は、計画面の証拠と運用面の証拠が必要といえます
- **計画面の監査証拠**とは、事前に"こうやる"と約束（規定）した証拠で、活動のインプットに当たる証拠をいいます
- **運用面の監査証拠**とは、"こうやりました"ということが検証できる証拠で、活動のアウトプットにあたる証拠をいいます
- 上記に計画面・運用面の証拠例を示します

第10章●現地で内部監査を実施する

103 監査チームリーダーが監査所見を最終決定する

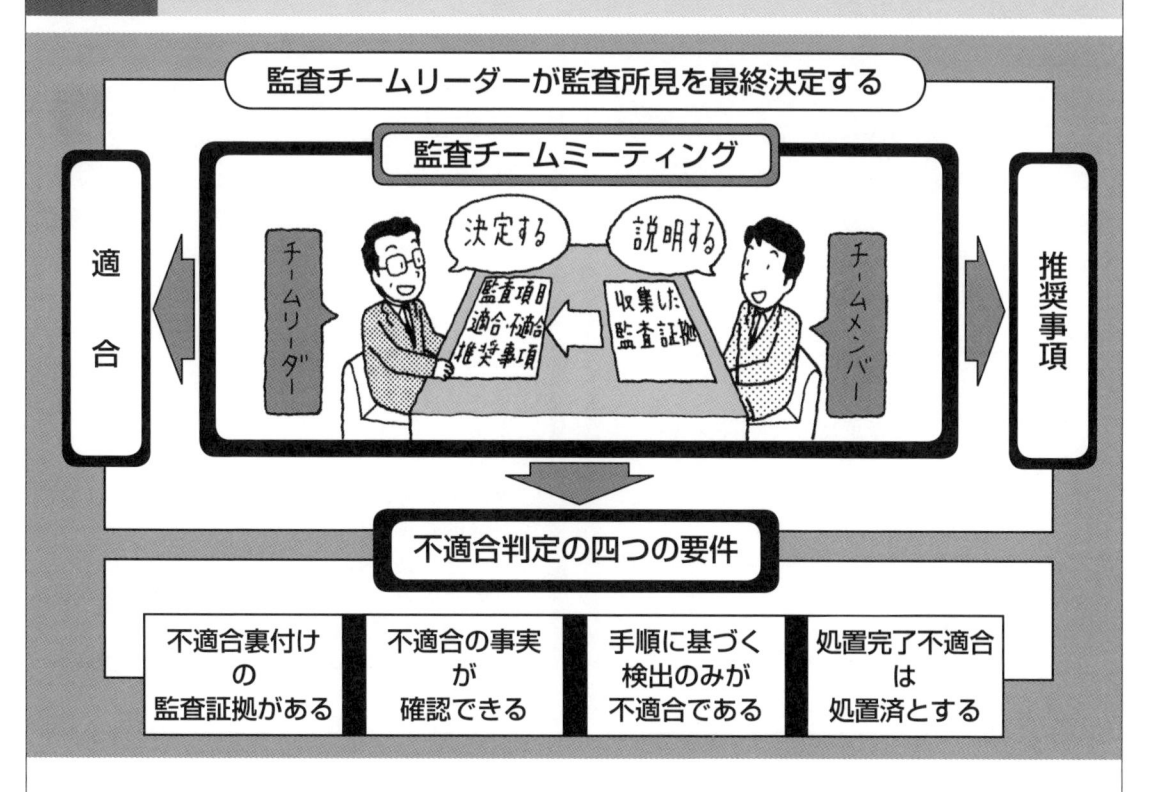

```
監査チームリーダーが監査所見を最終決定する
  ┌─────────────────────────────┐
  │      監査チームミーティング      │
  │                             │
適合 ← チームリーダー「決定する」／「説明する」チームメンバー → 推奨事項
  │   監査項目・適合・不適合・推奨事項  収集した監査証拠   │
  └─────────────────────────────┘
              ↓
        不適合判定の四つの要件
  ┌──────────┬──────────┬──────────┬──────────┐
  │不適合裏付け │不適合の事実│手順に基づく│処置完了不適合│
  │    の    │    が    │検出のみが │    は    │
  │監査証拠がある│確認できる │不適合である│ 処置済とする │
  └──────────┴──────────┴──────────┴──────────┘
```

■チームリーダーが監査所見を最終決定する

　監査チームミーティングにおいて、監査チームリーダーは、メンバーが収集した監査証拠について、監査基準に基づく適合、不適合、推奨事項の見解を聴取します。

　監査チームリーダーは、監査実施中のすべての局面に対して、最終的に責任があるので、チームリーダーは、監査所見としての適合、不適合、推奨事項を最終決定します。

■監査員が不適合と判定するための四つの要件

　不適合とは、要求事項を満たさないことですが、監査員が不適合と提示したとき、被監査者が適合の証拠を示すなどの反論をせず、了解して、はじめて不適合となります。

　そのため、監査員が確信をもって、不適合を提示するには、次の四つの要件を満たす必要があります。

- その1　不適合を裏付ける監査証拠がある
  ☆疑わしくても監査証拠のないものは、不適合にしない
  　―推奨事項とし改善すべき問題とする―
- その2　不適合の事実が確認できる
  ☆不適合の事実が再現できるようにする
  　―監査メモ（99項参照）に不適合の事実を具体的に記録しておくとよい―
- その3　手順に基づき情報を収集し、検出されたもののみが不適合である
  ☆決められた手順に従って情報を収集し、見つかったものを不適合とする
  　―不適合が検出されないからと、無理に探すものではない
- その4　その場で簡単に処置が完了した不適合は"処置済"とする
  ☆被監査者に事実を告げることで処理できるものは、場合によって不適合としない

104 不適合は重要・軽微に評価し提示するとよい

重要な不適合
－品質マネジメントシステム－

☆重要な不適合とは、品質マネジメントシステムへの影響の度合が大きい不適合をいう
－例－
- ISO9001規格の要求事項が逸脱・欠落している
- ISO9001規格が要求している文書の一部がない
- 文書化された品質マネジメントシステムがどこでも実施されていない
- 不適合製品が顧客に引き渡されるシステムになっている
- 軽微な不適合が、同一要求事項に多数ある

軽微な不適合
－品質マネジメントシステム－

☆軽微な不適合とは、品質マネジメントシステムは、確立されているが、正しく適用されていない
☆品質マネジメントシステムは、確立され、運用されているが、偶発的、単発的に不備がある
－例－
- 文書管理、記録管理の一部に偶発的、単発的な不備がある
  －管理文書の1枚が承認されていない－
- 監視機器・測定機器の一部に偶発的、単発的な不備がある
  －校正対象の温度計の校正期限が切れている－

■不適合は重要・軽微と評価し提示するとよい

　規格の要求事項ではないが、不適合を品質または環境マネジメントシステムへの影響の度合いに応じて評価して、重要・軽微とに区分し、被監査者に提示するとよいです。

　このように、不適合を評価し、重要・軽微と"重み付け"するのは、被監査者に不適合の品質または環境マネジメントシステムへの影響の度合を認識してもらうのが目的です。

　例えば、技術部の不適合1件、製造部の不適合3件と、不適合を件数のみで表示しますと、一般に、件数が多い方が悪く、少ない方が良いと判断されます。

　ところが、技術部の不適合1件は、重要と評価されると、マネジメントシステムへの影響度は大きく、製造部の不適合3件は、軽微であるならば、影響度は小さいので、技術部の不適合の方が重大であると認識されます。

■環境監査における重要・軽微の不適合とは

　環境マネジメントシステムの監査での重要な不適合、軽微な不適合は、次のようです

＜環境監査における重要な不適合＞
- 環境に著しい影響を与える可能性が高いと考えられるほどまで、環境マネジメントシステム上に欠陥がある
- 軽微不適合でも、繰り返し生じるもの、あるいは数多く重なり合うことによって、環境に著しい影響を与える可能性が高いものは、重要な不適合となる

＜環境監査における軽微な不適合＞
- それ自体では環境に著しい影響を与えるほどではない環境マネジメントシステム上に欠陥がある
  －重要な不適合をメジャー・ホールドポイント、軽微な不適合をマイナー・オンゴーイングということがある－

105 不適合の表明には区分式と文章式がある

不適合の区分式表明方式 －例－

- <u>監 査 基 準</u>：ISO9001:2008,7.6(a)項
  監視機器及び測定機器は定められた間隔で校正もしくは検証、または両方を行う
- <u>不適合の事実</u>：品質保証部検査課で保管していたマイクロメータが校正期限を過ぎており、定められた間隔で校正を実施していない
- <u>監査証拠</u>
- ☆計画面の証拠：計測器管理規定(Q-7-6,1版)の7.6項では、校正周期を1年と規定している
- ☆運用面の証拠：マイクロメータ(ME-1)の校正有効期限表示20△2年9月30日、校正記録(QR-9-30)での校正実施日20△1年9月30日、監査実施日20△2年11月30日であるから、校正期限が2ヶ月過ぎている

不適合の文章式表明方式 －例－

- 計測器管理規定(Q-7-6,1版)の7.6項では、
  ←―――計画面の証拠(監査基準)の記述―――
  測定機器の校正周期を1年と規定しているが
  ―――計画面の証拠(監査基準)の記述―――→
  品質保証部検査課で保管していたマイクロメ
  ←―――不適合の事実の記述―――
  ータ(ME-1)は校正期限が2ヶ月過ぎており、定められた間隔で校正を実施していない
  ―――不適合の事実の記述―――→
  マイクロメータ(ME-1)の校正記録(QR-9-30)
  ←―――運用面の証拠の記述―――
  の校正実施日は20△1年9月30日で、有効期限
  ―――運用面の証拠の記述―――
  表示は20△2年9月30日とあり、監査実施日20
  ―――運用面の証拠の記述―――
  20△2年11月30日に対し、校正期限が2ヶ月過ぎている
  ―――→

■不適合を表明するに必要な三つの事項

　不適合は、次の三つの事項で表明します。

- その１　**不適合の根拠となる監査基準**

　監査基準は、監査証拠と比較する基準で方針、手順または要求事項をいいます。

　監査基準としては、ISO9001規格、ISO14001規格、品質マニュアル、環境マニュアル、規定（品質・環境）、手順書（品質・環境）などが該当します。

- その２　**不適合の事実**

　不適合の事実とは、監査基準を満していない事実をいいます。

- その３　**不適合の事実を裏付ける監査証拠**

　監査証拠は、不適合の事実を裏付ける客観的な特定された情報で計画面の証拠と運用面の証拠があります（102項参照）。

- 不適合は、検出された現場で被監査対応者と事実の確認を行っておくとよいです

■不適合の表明には二つの方式がある

　不適合の表明には"区分式"と"文章式"の二つの方式があります。

- **区分式**とは、監査基準、不適合の事実、監査証拠を別々に記述する方式をいいます
- ☆**監査基準**　監査基準の条項番号
  "○○は××しなければならない"
- ☆**不適合の事実**　監査基準が満たされていない事実を記述する　"○○は××しなければならないのに××していない"
- ☆**監査証拠**　計画面の証拠　"○○は××しなければならない"を規定した証拠
  　運用面の証拠　"○○は××していない"ことを裏付ける証拠（特定した証拠）
- **文章式**とは、計画面の証拠と運用面の証拠を一つの文章でまとめて表示する
  "○○は××することに規定されているが特定した○○は××していない"

106 監査所見から監査結論を導く

■監査チームミーティングで監査結論を導く

監査チームミーティングの目的は、各メンバーが収集したすべての監査証拠をチーム全体でレビューし、最終会議で報告する監査所見及び監査結論についてのチームとしての統一見解をチームリーダー主導のもとに決定し、適合評価の一貫性を図ることにあります。

監査チームミーティングで、最終会議前に決定すべき事項は、次のとおりです。

- 監査所見及び監査中に収集したその他の適切な情報を、監査の目的に照らしてレビューする
- 監査プロセスに内在する不確実性を考慮したうえで、監査結論について合意する
- 監査の目的で規定している場合は、改善の機会の提言（推奨事項）を作成する
- 不適合が検出された場合は、監査のフォローアップ（是正処置）について協議する

■内部監査の監査結論の例は次のとおりである

監査結論とは、監査目的とすべての監査所見を考慮したうえで、監査チームが出した監査の結論をいいます。

内部監査における監査結論の例としては、

- 現在の環境マネジメントシステムは、監査所見を総合的に評価した結果、ISO14001規格の要求事項に適合していました
- 現在の品質マネジメントシステムは、監査所見を総合的に評価した結果、組織が決めた品質目標、品質マニュアル、規定、手順書どおりに適切に実施されていました

■不適合に対して是正処置要求書を作成する

監査チームは、監査所見で不適合が検出されたならば、監査基準、不適合の状況、不適合の証拠を明確にし、最終会議で被監査者に提示する是正処置要求書を作成します。

107 最終会議で監査所見・監査結論を提示する

■**最終会議は次の事項を目的として開催する**

最終会議は、被監査者に理解され認めてもらえる方法で、監査所見及び監査結論を提示し、さらに該当する場合には、被監査者が不適合について是正処置計画を提示する時期について合意することを目的として開催します。

最終会議は監査チームと被監査者が参加し監査チームリーダーが議長を務めます。

■**最終会議の議事は次のようにすすめるとよい**
- 内部監査の目的、範囲、基準を再確認する
- 監査所見を報告する
  ◇監査チームリーダーが不適合の総括を述べ、個々の不適合は、それぞれの担当監査チームメンバーが説明する
  ◇不適合は、検出部門、監査基準、不適合の状況、不適合の証拠（102項参照）を明示し、被監査者の合意を得る
  ◇監査の目的で規定している場合は、改善の提言（推奨事項）をする
  ―提言には拘束力がないことを強調する―
- 監査所見及び／または監査結論に関して、監査チームと被監査者との間で意見の食い違いが生じた場合は、協議し可能であれば解決することが望ましい
  ―解決に至らない場合は、両者のすべての意見を記録に残すことが望ましい―
- 被監査者が合意した不適合に対して、是正処置を要求する―他の方法（116項参照）―
  ―是正処置要求書を提出し、被監査者と是正処置の提出期限を協議する―
- 監査はサンプリングで行われたので、提示した不適合がすべてでないことを説明する
- 監査チームリーダーが、監査結論を被監査者に提示する
- 被監査者の協力に対しお礼を述べる

108 最終会議の議事のすすめ方

謝辞
- 監査チームリーダーが監査チームを代表して被監査者の監査への協力に対して感謝の意を述べる

再確認
〈監査の目的〉
例：認証機関の認証取得準備
〈監査の範囲〉
例：全部門、全製品
〈監査基準〉
例：ISO9001：2008

監査所見報告
- 監査チームリーダーが被監査者に監査所見の総括を述べ、詳細については、担当監査チームメンバーが説明する
〈監査所見の総括〉
適合、不適合・推奨事項の総件数
〈監査所見の詳細〉
不適合：検出部門名、内容
　　　　ISO9001要求事項、監査証拠
推奨事項：検出部門名、内容

是正処置
- 被監査者が了解した不適合に対し是正処置を要求する
——他の方法もある（116項参照）——
☆是正処置要求書を提示
☆被監査者と是正処置提出期限協議

制限明示
- 監査には制限があることを明示する
☆監査はサンプリングで行ったので不適合が他にも存在する可能性がある

監査結論
例：不適合件数からみて、認証取得には一層の努力を要する
- 最後に被監査者の代表者が監査チームへの謝辞を含めたあいさつをする

第11章

内部監査報告書を作成する

この章では、内部監査報告書の作成について理解しましょう。

(1) 内部監査実施の記録である内部監査報告書は、監査チームリーダーが作成し、監査依頼者が承認した後、関係者に配付します。
(2) 内部監査報告書は、前文と本文とからなります。
(3) 内部監査報告書の前文には、監査の目的、監査の範囲、監査の基準、監査チームの編成、被監査側の対応者などを記載します。
(4) 内部監査報告書の本文には、監査結果の概要、監査所見として適合・不適合の表明、不適合の区分、不適合の等級、推奨事項、是正処置、監査結論を記載します。
(5) 内部監査報告書の記載例と、内部監査報告書様式例を示してあります。

109 内部監査報告書作成の手順

■内部監査実施の記録には二つある

現地での内部監査が終了したら、監査及びその結果を記録します。

内部監査実施の記録は、最終会議終了後に作成する"内部監査報告書"と"フォローアップ報告書"（120項参照）とからなります。

フォローアップ報告書は、不適合が検出された場合、その是正処置実施を確認した後に作成します。

■内部監査報告書作成の目的には三つある

その1　内部監査報告書は、マネジメントレビューのインプット情報とする

その2　内部監査報告書は、被監査者に監査結果を文書で伝え、是正処置の促進を図る

その3　内部監査報告書は、認証機関の審査時に内部監査実施の記録として提示する

—内部監査報告書作成は規格の要求事項—

■内部監査報告書はチームリーダーが作成する

内部監査報告書は、監査チームリーダーが作成し、その内容の正確さと完全さに責任をもちます。

内部監査報告書の内容は、監査チームが最終会議で被監査者に確認し、合意した事実だけを記載します。

■内部監査報告書は監査依頼者の承認を受ける

内部監査報告書は、合意した期間内に発行することが望ましいです。

内部監査報告書は、監査プログラムの手順に従って、日付を付し、監査依頼者に提出し、そのレビュー及び承認を受けます。

承認された内部監査報告書は、監査依頼者が指定した受領者に配付します。

監査チームメンバー及び受領者は、内部監査報告書の機密保持を尊重し維持することです。

110 内部監査報告書に記載すべき事項

内部監査報告書 〈前文〉

標題	・監査を受けた組織の名称 ・被監査者の代表者の氏名 ・内部監査報告書の発行日
監査の目的	・内部監査を実施した目的
監査の範囲	・被監査組織の監査対象部署名
監査の基準	・ISO9001規格、ISO14001規格 ・品質マニュアル、環境マニュアル
監査チーム	・監査チームリーダー・メンバーの氏名
被監査対応者	・主な被監査者の氏名・役職
監査実施日	・監査期間 ・初回会議、最終会議の開催日時
配付先	・内部監査報告書の配付先リスト

内部監査報告書 〈本文〉

監査所見の概要	・監査依頼者が監査所見の全体を短期間で把握できる内容
監査所見の詳細	・褒賞事項の詳細 ・適合の内容 ・不適合事項の発生部署名 ・不適合の内容(監査証拠) ・抵触する要求事項(該当項目番号) ・完結不適合(必要な場合)
是正処置の要求	・未解決不適合に関し是正処置要求 -是正処置要求書添付-
フォローアップ	・フォローアップの計画(必要な場合)
監査の結論	・監査目的とすべての監査所見を考慮したうえで監査チームが出した監査の結論

■内部監査報告書に記載すべき事項

内部監査報告書は、前文と本文(次頁参照)からなる監査の記録を提供するもので、その前文には次の事項を記載するとよいです。

- 監査の目的

  内部監査を実施する目的を明示する
  例:認証取得準備のため品質マネジメントシステムへの適合の程度の判定

- 監査の範囲

  内部監査の範囲は、次の三つを明示する
  ☆組織:事業部名、部門名
  ☆製品範囲:A製品、B製品、C製品
  ☆業務範囲:営業、設計・開発、購買

- 監査の基準

  適合する品質マネジメントシステムまたは環境マネジメントシステム規格(ISO9001、ISO14001)、品質マニュアル、環境マニュアル、規定、手順書などを明示する

- 監査チームの編成

  内部監査チームのリーダー及びメンバーの氏名を列記する。必要に応じて各自の所属部門名及び監査中の役割を明示する

- 被監査側の対応者

  初回会議の出席者、一連の監査作業に対応した被監査側要員及び最終会議の出席者を列記する。これら対応者の役割も明示するとよい

  ―出席者リストを添付するとよい―

- 監査結果の概要(本文に記載)

  監査結果の概要は、監査依頼者に実施した内部監査の大要を理解させ、その後の処置及び行動に役立たせることにある

  監査結果の概要には、適合、不適合、慢性的な問題箇所、品質マネジメントシステムまたは環境マネジメントシステムの改善の提案、監査結論を含める

111 内部監査報告書には不適合・推奨事項を記載する

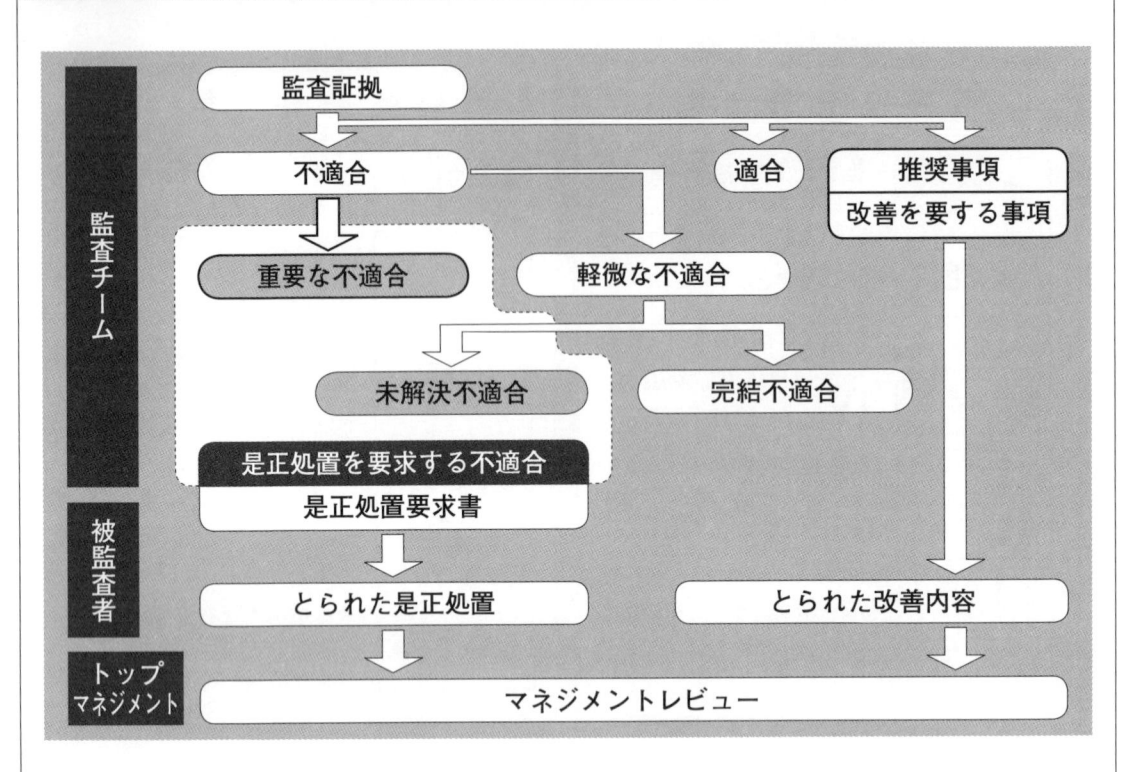

```
監査チーム
    監査証拠
    ├─ 不適合 ─────┬───────┐  適合   推奨事項
    │              │                   改善を要する事項
    ↓              ↓
  重要な不適合   軽微な不適合
    ↓              ↓
  未解決不適合   完結不適合
  是正処置を要求する不適合
  是正処置要求書

被監査者
  とられた是正処置        とられた改善内容

トップマネジメント
  マネジメントレビュー
```

■内部監査報告書に記載する不適合・推奨事項

内部監査報告書本文には監査所見（適合・不適合・推奨事項）、監査結論を記載します。

● 不適合の表明

不適合の表明は次の三要件で構成する。
☆要求事項：不適合の根拠となる監査基準
☆不適合の状態：該当要求事項を満たしていない状態
☆監査証拠：不適合の状態を裏付ける、客観的な特定された証拠（102項参照）

● 不適合の区分

不適合は、内部監査終了時の状態に応じて、完結と未解決に区分する。
☆**完結**とは、内部監査終了時点で、その不適合に対する是正処置が完了している状態をいい、報告書には完結と記録する
☆**未解決**とは、是正処置が完了していないので、是正処置を要求する

● 不適合の等級（必要に応じて）

不適合を"重要"と"軽微"に区分する。
☆重要な不適合：要求事項が欠落している
☆軽微な不適合：単発的に不備がある

● 推奨事項

推奨事項とは、監査証拠が監査基準に適合しているが、その内容からみて監査基準そのものを見直し、改善したほうが望ましいと考えられる事項をいう

● 是正処置の要求

不適合の中の未解決事項に対して、不適合の修正及び是正処置を要求する

最終会議で是正処置要求書を発行した場合は、その文書番号を記載するとよい

● 監査結論

不適合、推奨事項、充実点を基礎にしてマネジメントシステムの有効性についての所見、監査目的に沿う監査結論を明示する

112 内部監査報告書の記載例

内部監査報告書〔例〕

発行日：20××年10月13日
報告書番号：20××-監査-001
監査チームリーダー：大浜庄司
メンバー：内部一郎

監査依頼者　殿

　20××年度内部監査計画に基づき、東京工場に対し、実施した内部監査の結果について、次のとおり報告します。

1. **対象部門／責任者・対応者**：東京工場・製造部長監査二郎、その他添付の出席者リストによる
2. **監査目的**：東京工場・製造部における生産業務のISO9001：2008要求事項への適合の程度の判定
3. **監査範囲**：東京工場・製造部で生産されている全製品
4. **監査基準**：ISO9001：2008、品質マニュアル（QMS-01：1版）及びその他関連文書
5. **監査実施日・場所**：20××年10月13日、添付の内部監査個別実施計画書による
6. **監査所見**：東京工場・製造部で生産されている全製品について検証した結果、顧客要求事項への順守について、従業員教育を含め、確実に運用されており適合である。しかしながら、8項に示す3件の不適合が検出された。
7. **監査結論**：運用されている品質マネジメントシステムは、支援プロセスでの問題点があったものの、重要な不適合が検出されなかったこと及び顧客要求事項が確実に満たされていることから、適合の程度は良いと判断できる。
8. **是正処置要求事項**　　　　　　　　　　　　　　　　　☑是正処置要求書添付
   - ☑ 20××年4月1日発行の是正処置要求書の様式が2版に改定されているのに1版を使用していた。（軽微）
   - ☑ 品質方針について答えられない作業者が1人いた。（軽微）
   - ☑ 再評価がされていない部品の購入先が1社あった（軽微）
9. **品質マネジメントシステムの有効性**
　　製造部で設定されている品質目標に関して、各従業員の熱心な取り組みによって、前年度は計画どおりに達成しており、品質マネジメントシステムが有効に機能していると判断できる。
　　また、従業員の取り組み内容も明確にされており、今後の成果が期待できる。

113 内部監査報告書の様式例

内部監査報告書

監査報告書番号：
発行日：　　年　月　日

監査目的：	被監査部門名：
監査範囲：	被監査部門関係者：
監査基準（改訂番号／発行日付） ・品質マネジメントシステム規格： ・品質マニュアル： ・他の文書：	監査チーム： ・チームリーダー： ・チームメンバー：
監査実施日： 　　年　月　日～　年　月　日	初回会議：　　年　月　日 最終会議：　　年　月　日

監査所見の概要（適合であることの記述を含む）：

不適合事項（是正処置要求書別紙）
No.　　内容　　　　重／軽　　規格名（該当）　是正要求（要・否）

推奨すべき事項：	監査結論：
マネジメントレビュー：	配付先：

被監査部門長合意	監査依頼者	チームリーダー

第12章

不適合は是正処置をとりフォローアップする

この章では、是正処置とそのフォローアップについて理解しましょう。

(1) 内部監査で検出された不適合は、修正（不適合を除去）するとともに、是正処置（不適合の原因を除去）をとり、その結果をマネジメントレビューのインプットとします。
(2) 不適合に対する是正処置の責任は、被監査者にありますが、内部監査員は被監査者の是正計画（是正処置案）に関して、助言し、評価することが望ましく、また、是正処置実施完了のフォローアップが求められています。
(3) 内部監査で検出された不適合の是正処置の実施は、内部監査員、監査依頼者、被監査者が、それぞれの役割、責任を分担し、日常業務ラインにおける指揮命令系統のもとに行うとよいです。
(4) 内部監査員が被監査者の作成した是正計画（是正処置案）を評価する際しては、現状の処置、暫定処置、恒久処置、遡及処置がとられているか、現在、将来、過去という視点からみるとよいでしょう。
(5) 是正処置の実施完了を確認するフォローアップには、三つのタイプがあり、内部監査員のフォローアップ報告書作成をもって、内部監査は終了します。

114 内部監査での不適合は是正処置をとる

■是正処置とは不適合の再発防止処置をいう

　是正処置とは、検出された不適合の原因を除去するための処置をいいます。

　是正処置は、既に発生し、顕在化した不適合の原因を除去して、再発防止の処置をとることです。また、検出された不適合を除去するための処置、つまり、修正も必要です。

■是正処置の手順は次のとおりである
- 不適合を検出する
- 不適合による影響を緩和する処置をとる
- 不適合の原因を究明する
- 是正計画（是正処置案）を作成する
- 是正計画（是正処置案）を評価する
- 是正計画（是正処置案）を実施する
- とられた是正処置の有効性をレビューする
- 変更手順を品質及び環境マネジメントシステム文書に反映する

■是正処置はラインの指揮系統で行うとよい

　内部監査における監査所見（不適合）に対応するために必要な修正及び是正計画は、被監査の責任で決定し、監査依頼者が被監査者の実施を管理します（116項参照）。

　是正処置の実施は監査チームリーダーが監査依頼者に是正処置要求書を提出し、監査依頼者から被監査責任者に指示するとよいです。

　是正処置は、ラインの指揮命令系統のもとに、通常業務の一環として行うのがよいです。

■是正処置の結果をトップに報告する

　監査チームは、是正処置の確認結果及び完了を是正処置要求書・回答に記録し、管理責任者を通じてトップマネジメントに報告しマネジメントレビューのインプットとします。

　これにより品質及び環境マネジメントシステムの継続的改善を図ります。

第12章 ◉ 不適合は是正処置をとりフォローアップする

115 是正処置の管理手順

■**是正処置の責任は被監査者にある**

内部監査において、被監査者（または監査依頼者）は、自部門に起因する不適合に対して、自分たちで是正処置を考えて解決し、改善する責任があります。

■**内部監査員は是正処置に対し助言する**

内部監査においては、監査員も被監査者と同じ組織に勤務する同僚であり、自組織の品質及び環境マネジメントシステムの改善に対しては同じ立場にあります。

監査員は、被監査者に対し、是正処置を要求するだけでなく、どのようにしたら是正処置の要求を満たせるかの助言を行うことが望ましいです。

ただし、助言には拘束力はなく、助言を受け入れるかどうかは、あくまでも被監査者の責任で決めることです（116項参照）。

■**認証機関の審査員の責任**

認証機関の審査員は、審査において不適合を明確にし、是正処置を要求することのみに責任があります。

■**監査員は被監査者の是正計画を評価する**

監査員は、被監査者からの是正計画（119項参照）を評価するにあたっては、不適合に対して、現状の処置、根本原因の究明、暫定処置、恒久処置、遡及措置がとられているかを確認することが望ましいです（118項参照）。

■**是正処置の実施完了をフォローアップする**

フォローアップは、最終会議で被監査者と監査所見の合意に達し、是正処置要求書を被監査者に提出したところからスタートします。

被監査者が、適切に是正処置をとり完了していることを確認します（120項参照）。

116 内部監査における是正処置要求の仕方

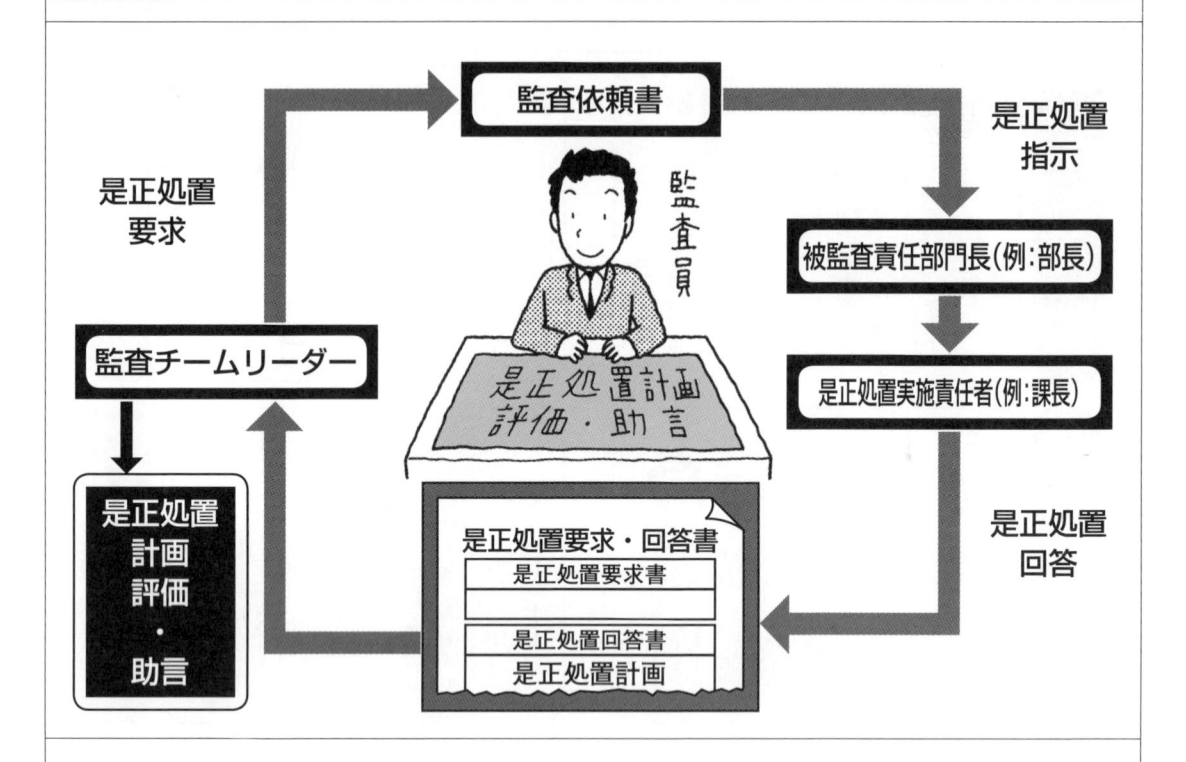

```
                    監査依頼書
         ┌─────────────→┌─────────┐────────────┐  是正処置
         │                                     ↓   指示
 是正処置                              ┌──────────────────┐
  要求                      監査員      │被監査責任部門長(例:部長)│
                                       └──────────────────┘
 ┌──────────┐                                     ↓
 │監査チームリーダー│                          ┌──────────────────┐
 └──────────┘       是正処置計画            │是正処置実施責任者(例:課長)│
         ↓            評価・助言            └──────────────────┘
 ┌──────┐                                           │
 │是正処置│         ┌─────────────────┐              │
 │ 計画 │         │ 是正処置要求・回答書 │←─────────────┘  是正処置
 │ 評価 │←────────│  是正処置要求書   │                  回答
 │ ・  │         │  是正処置回答書   │
 │ 助言 │         │  是正処置計画    │
 └──────┘         └─────────────────┘
```

■是正処置要求はラインの指示命令系統で行う

　内部監査における不適合に関する是正処置の要求は、監査チームリーダーが、監査依頼者（32項参照）に、是正処置要求・回答書（119項参照）を内部監査報告書に添付して提出し、行うとよいです。

　監査依頼者が、不適合の責任部門の管理職（例：部長）に、その是正処置を指示し、責任部門の管理職から是正処置実施部門の長（例：課長）に指示するとよいでしょう。

　是正処置の要求とその実施は、ラインの指示命令系統のもと、業務の一環として行うことが望ましいです（117項参照）。

　内部監査では、監査員と被監査者は、同じ組織の要員であることから、監査員（例：課長）と被監査者（例：部長）に職位の差があると、監査者が被監査者に是正処置を直接指示すると、指示系統が逆になる恐れがあります。

■監査員は是正処置要求と共にその助言を行う

　監査員は、内部監査において、不適合に対する是正処置を要求するに際して、被監査者と同じ組織の要員であることから、どのように是正したらよいかの助言を行うことが望ましいです（115項参照）。

　監査員の是正処置に対する助言は、被監査者の是正処置計画（119項参照）を評価するときに行うとよいです（118項参照）。

　監査員の助言は、被監査者に強制し、拘束するものではありません。

　是正処置の実施の責任は、あくまでも被監査者にあるので、監査員の助言を採用するか否かは、被監査者が決めることです。

　被監査者が、監査員の助言を採用し、実施して、計画した結果が得られなかったとしても、その責任は、被監査者にあって、助言をした監査員にその責任を転嫁しないことです。

117 内部監査における是正処置のとり方

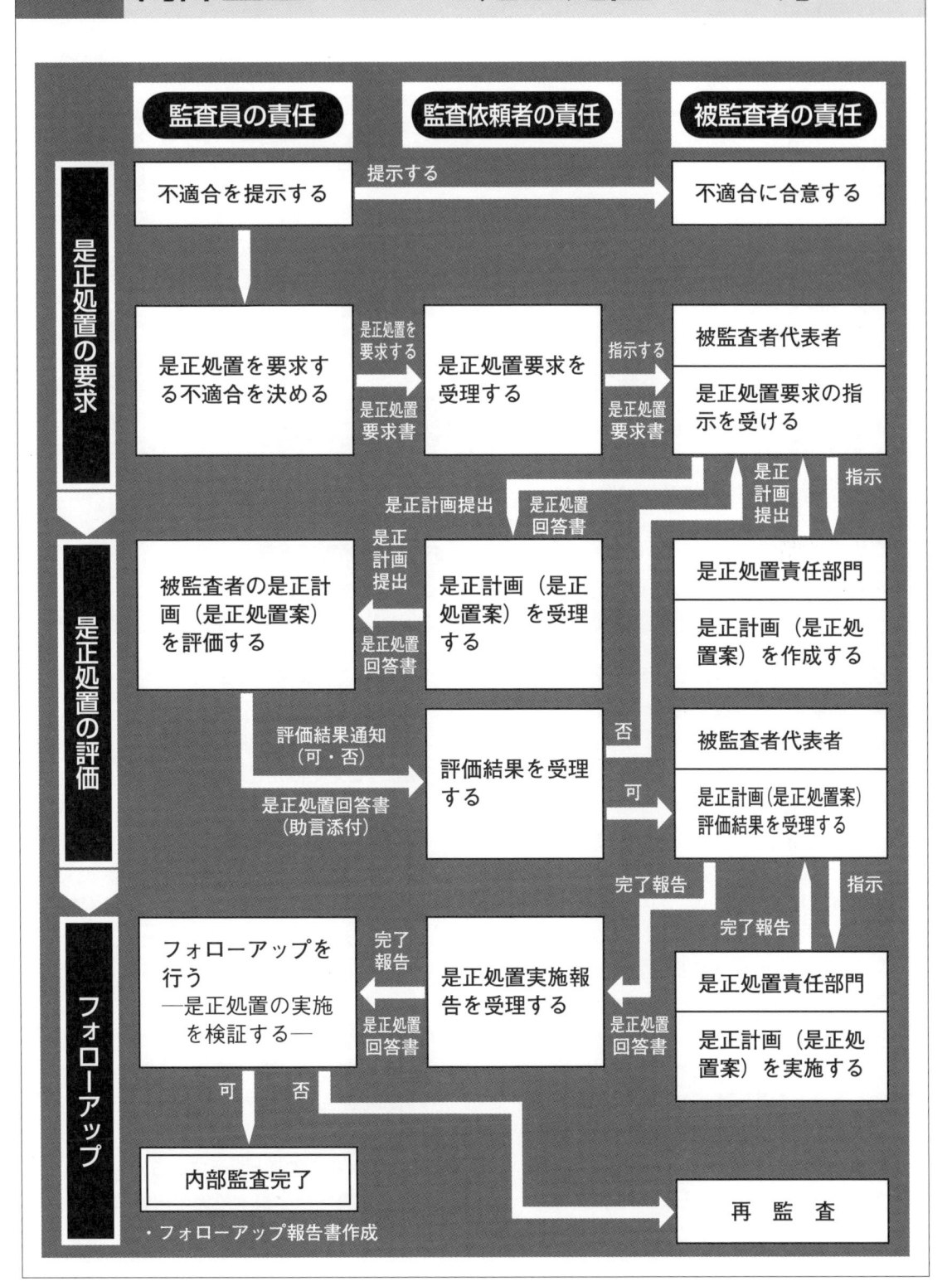

	監査員の責任	監査依頼者の責任	被監査者の責任
是正処置の要求	不適合を提示する →提示する→		不適合に合意する
	是正処置を要求する不適合を決める →是正処置を要求する／是正処置要求書→	是正処置要求を受理する →指示する／是正処置要求書→	被監査者代表者／是正処置要求の指示を受ける
是正処置の評価	←是正計画提出／是正処置回答書／是正計画提出／是正処置回答書← 被監査者の是正計画（是正処置案）を評価する	是正計画（是正処置案）を受理する	←是正計画提出／指示← 是正処置責任部門／是正計画（是正処置案）を作成する
	→評価結果通知（可・否）／是正処置回答書（助言添付）→	評価結果を受理する 否／可→	被監査者代表者／是正計画（是正処置案）評価結果を受理する
フォローアップ	←完了報告／是正処置回答書← フォローアップを行う —是正処置の実施を検証する—	是正処置実施報告を受理する ←完了報告	←完了報告／指示← 是正処置責任部門／是正計画（是正処置案）を実施する
	可↓ 否→ 内部監査完了 ・フォローアップ報告書作成		再 監 査

118 監査員は被監査者の是正計画を評価する

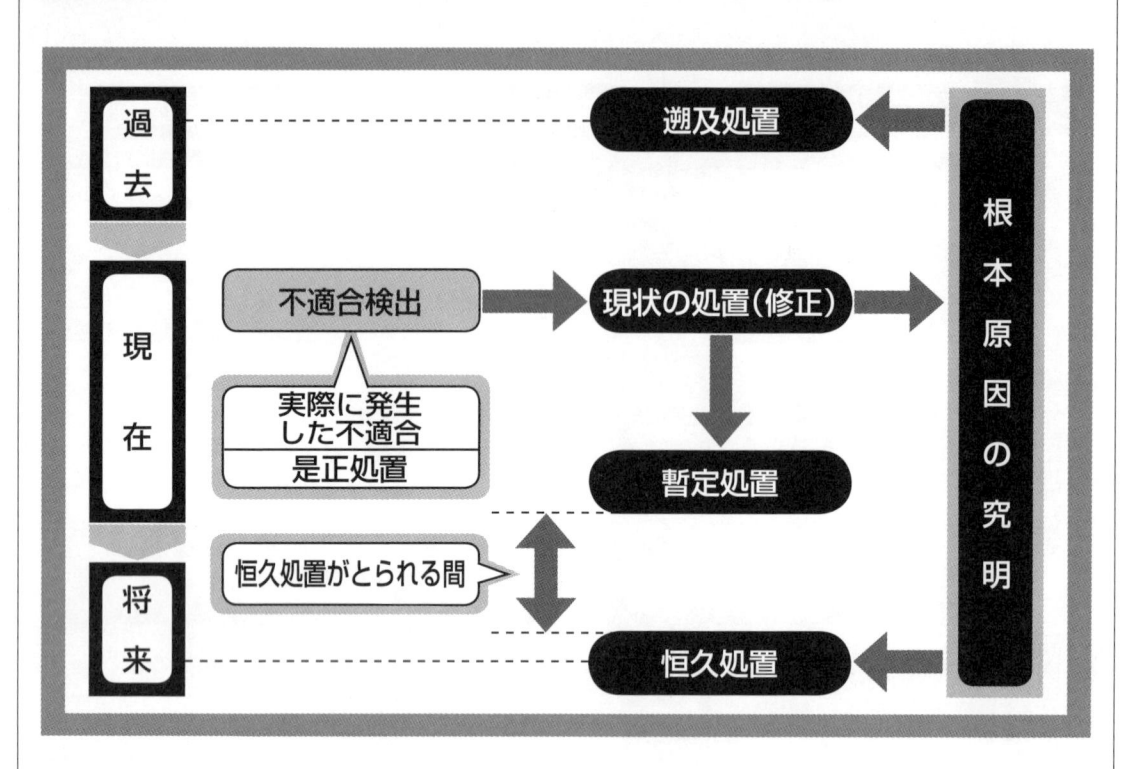

[図：是正処置のフロー]

過去 ── 遡及処置 ←── 根本原因の究明
現在 ── 不適合検出 → 現状の処置（修正）→ 根本原因の究明
　　　　実際に発生した不適合 是正処置
　　　　　　　↓
　　　　暫定処置
将来 ── 恒久処置がとられる間 ←→ 恒久処置 ←── 根本原因の究明

■監査員は被監査者の是正計画を評価する

内部監査では、監査員も被監査者と同じ組織（企業）の要員ですから、自組織の品質マネジメントシステムおよび環境マネジメントシステムの改善には、同じ立場にあります。

そこで、監査員は、要求事項ではありませんが、被監査者が作成した不適合に対する是正計画（是正処置計画：119項参照）を評価することが望ましいです。

是正計画の内容が不十分な場合は、是正処置に関する助言を添えて、被監査者に返却し、再検討させるとよいでしょう（116項参照）。

■監査員による是正計画の評価手順

監査員は、被監査者から提示された不適合に対する是正計画に関して、現在、将来、過去にわたって評価するとよいでしょう。

- 手順1　不適合に対して現状の処置（修正）がとられているか（現在）

　現状の処置とは、不適合そのものを除去するための処置で、修正といいます。

- 手順2　暫定処置がとられているか（現在）

　暫定処置とは、恒久処置をとるまでの間、不適合の再発を防止するために、当面とる処置をいいます。

- 手順3　根本原因が究明されているか（将来）

　根本原因には、発生原因（なぜ不適合が発生したのか）、流出原因（なぜ不適合が検出されなかったのか）があります。

- 手順4　恒久処置がとられているか（将来）

　恒久処置とは、根本原因（発生原因・流出原因）を除去するための再発防止対策をいいます。

- 手順5　遡及処置がとられているか（過去）

　遡及処置とは、根本原因の内容によって、過去に遡ってとる処置をいいます。

119 是正処置要求・回答書

是正処置要求・回答書（CAR）
―Corrective action request―

是正処置要求書			要求書NO.CAR-11-30				
宛　先	品質保証部　検査課　剛角志増殿				承認	大浜	作成	管佐
発行日	20△2年11月30日	回答期限	20△2年12月25日			

＜是正処置要求＞

- <u>監査基準</u>：ISO9001：2008, 7.6(a)項
  　　　　　　監視機器及び測定機器は定められた間隔で校正もしくは検証、または両方を行う
- <u>不適合の事実</u>：品質保証部検査課で保管していたマイクロメータが校正期限を過ぎており、定められた間隔で校正を実施していない
- <u>監査証拠</u>

☆計画面の証拠：計測器管理規定（Q-7-6, 1版）の7.6項では、校正周期を1年と規定している

☆運用面の証拠：マイクロメータ（ME-1）の校正有効期限表示20△2年9月30日、校正記録（QR-9-30）での校正実施日20△1年9月30日、監査実施日20△2年11月30日であるから、校正期限が2ヶ月過ぎている

是正処置回答書

回答部署	部　　　　課　責任者				承認		作成	
回答日	年　月　日	完了予定日	年　月　日					

＜是正処置計画＞

- 原因：
- 現状の処置：
- 暫定処置
- 遡及処置
- 恒久処置

被監査者是正処置完了報告	監査チームリーダー是正処置フォローアップ
完了日　　　　　　　年　月　日 被監査側責任者	確認日　　　　　　　年　月　日 監査チームリーダー

120 是正処置の実施完了をフォローアップする

フォローアップ活動

フォローアップ監査

次回監査で確認

文書で確認

■フォローアップは是正処置の実施を確認する

　フォローアップ活動は、最終会議で被監査者と監査所見の合意に達し、是正処置要求書を被監査者または監査依頼者（116項参照）に提出したところからスタートします。

　そして、不適合に対して適切な是正処置（再発防止対策）が実施され、完了されたことの確認でフォローアップを終了します。

　フォローアップ活動で重要なことは、次の事項です。

- 不適合に対し、根本原因の究明がなされ、それに対応した是正処置（再発防止対策）が実施されていること
- 適用した再発防止対策が機能しているか否かの有効性の評価が確実にされていること
- 是正処置の有効性の確認は、再発防止ができているか否かを適切な期間、監視した客観的事実に基づき判定することが基本です。

■フォローアップの結果は報告する

　フォローアップは、前回の内部監査で監査員によって指摘された不適合に関する是正処置の実施のみを対象とします。

　したがって、フォローアップは、被監査者の是正処置の実施とその効果を確認します。

　フォローアップの結果が満足するものであれば、監査依頼者に報告（フォローアップ報告書）し、内部監査を終了とします。

■フォローアップには三つのタイプがある

- 是正処置の実施を再度監査するフォローアップ監査を行う—重要な不適合の場合—
- 是正処置実施完了を文書類の制定、改訂または実施を示す記録で確認する
- 是正処置の実施と効果を、次回の監査、例えば定期監査のときに確認する（監査の連続性）—軽微な不適合の場合—

<索　引>

《あ》
相手方監査　19
移行審査　21
運用面の監査証拠　119, 120, 123

《か》
改善の機会　119
外注監査　17, 19
環境監査　10
環境マネジメントシステム　61
環境マネジメントシステム監査　22
環境マネジメントの原則　53
完結　130
完結形質問　108, 110
監査　10, 60
監査依頼者　44, 45, 46
監査員　44, 45
監査員訓練　48
監査員行動規範　13
監査員の心得　13
監査活動の準備　33
監査基準　11, 64, 129
監査記録　89
監査計画　83
監査経験　48
監査結論　34, 94, 118, 124, 126, 130
監査作業　86
監査作業割当て　86
監査証拠　94, 98, 101, 105, 120
監査所見　34, 94, 118, 119, 121, 126
監査チーム　76, 82
監査チームミーティング　119, 124, 125
監査チームメンバー　79
監査チームリーダー　76, 77, 78
監査通知　82, 92
監査の開始　32, 33
監査の原則　12
監査の独立性　12, 76
監査の目的　129
監査範囲　11, 129
監査プログラム　30, 31, 64
監査プログラム管理責任者　30, 31, 45, 69

監査プログラムの管理　63
監査プログラムの策定　32, 33, 59, 62
監査プログラムの実施　31, 32
監査プログラムの手順　31
監査プログラムの範囲　30
監査前会議　96
監査メモ　117
監査目的　11
危険物貯蔵所　116
機密保持　79, 83
客観的証拠　120
教育機関　51
教育対象者　51
教育内容　51
教育方法　51
計画面の監査証拠　119, 120, 123
軽微不適合　118, 122, 130
検証　120
現状の処置　138
現地内部監査活動　94
現場監査　28, 41, 99, 100
恒久処置　138
合同監査　10
後方追跡形監査　24
顧客　19
顧客監査　19
個人的特質　48, 49, 50

《さ》
サーベイランス　21
最終会議　34, 94, 118, 126
再認証審査　21
再発防止処置　82, 88, 134
産業廃棄物　114
暫定処置　138
サンプリング　105, 106
サンプリングの仕方　107
サンプル　106
資格認定　72
自己記載形チェックリスト　89, 91
質問　109
質問の三要素　109

質問のテクニック　111
質問の表現　108, 109
重要不適合　118, 122, 130
浄化槽　115
情報源　94, 98, 99
情報収集　98, 99, 101, 106
初回会議　94, 96, 97
初回会議開催　34
初回認証審査　20, 21
書類監査　28, 100
振動　115
推奨事項　119, 130
垂直形監査　26, 27
水平形監査　26, 27
成果監査　37, 43
製品品質監査　23
是正計画　135
是正計画評価　34, 138
是正処置　126, 134, 137
是正処置回答書　139
是正処置の管理　135
是正処置の手順　134
是正処置のフォローアップ　140
是正処置要求　130, 136, 137
是正処置評価　135, 137
是正処置要求・回答書　88, 139
是正処置要求書　124, 139
全体監査　24
前方追跡形監査　24
騒音　116
層別　105, 106, 107
遡及処置　138
組織　18
存在確認監査　37

《た》
第一者　18
第一者監査　17, 18, 39
第三者監査　17, 20
第三者審査　20
第一段階審査　20
第二者監査　17, 19

第二段階審査　20
チェックリスト　88, 89, 90, 99
チェックリストの欠点　90
チェックリストの使い方　104
チェックリストの利点　89, 90
定期監査　25
定期審査　21
適合　40, 98, 118, 119
適合性の検証　39, 40, 41, 60, 62
適合性評価　37
適合の記録　104, 117
当事者監査　18, 39
登録証　20
土壌汚染　115

《な》
内部監査
　　17, 18, 36, 38, 39, 41, 42, 58, 59, 60, 61, 63
内部監査員　32, 45, 72
内部監査員の教育計画　72
内部監査員の力量　48, 55
内部監査員の力量評価　55
内部監査活動　66, 67, 68, 82, 94
内部監査活動の開始　66, 67
内部監査活動の計画　66
内部監査活動の実施　32, 66
内部監査活動の準備　32, 67, 82
内部監査活動のフォローアップ　66
内部監査規定　69, 70
内部監査計画　83
内部監査個別実施計画　82, 83, 84
内部監査個別実施計画書　84, 85
内部監査システム　67, 69
内部監査チーム　74, 76, 77, 82
内部監査チームメンバー　79
内部監査チームリーダー　78
内部監査年度実施計画　69, 71
内部監査の開始　67
内部監査の監査基準　75
内部監査の監査範囲　75
内部監査の目的　63, 75
内部監査プログラムの管理　33

索　引

内部監査報告書　　32, 67, 88, 128, 129, 131
内部監査報告書作成　　34
内部監査報告書の様式例　　132
二者間監査　　19
認証機関　　17, 20
認証制度　　21
認定機関　　20
抜打監査　　25

《は》

廃棄物処理法　　114
廃水処理　　115
発展形質問　　108, 110
被監査者　　44, 45, 46
びっくり監査　　25
標準形チェックリスト　　89, 91
品質監査　　10
品質マネジメントシステム　　58
品質マネジメントシステム監査　　22
品質マネジメントシステムの有効性　　42
品質マネジメントの原則　　53
フォローアップ
　　　　　　　32, 34, 59, 66, 67, 135, 137, 140
フォローアップ報告書　　128
複合監査　　10
不適合　　40, 98, 118, 119, 121
不適合の記録　　104, 117
不適合の区分　　130
不適合の等級　　130
不適合の表明　　123, 130
部分監査　　24
部門別監査　　26, 27, 87
部門別割当て　　87
プロセス　　23, 113
プロセス監査　　23
プロセスの有効性　　112
プロセス評価　　112
文書監査　　28, 41, 99, 100
文書レビュー　　20, 28, 32, 66, 67, 80
ボイラー　　116
母集団　　105, 107

《ま》

マニフェスト　　114
マニュアル監査　　28
マニュアルレビュー　　28
マネジメントシステム　　22
マネジメントシステム監査　　22, 36, 39
マネジメントシステム文書監査　　28
未解決　　130
面談　　99, 101, 102, 103
面談の心得　　102

《や》

有効性　　42
有効性検証　　39
有効性の検証　　42, 60
有効性評価　　37
要求事項　　40
要求事項別監査　　26, 27, 87
要求事項別割当て　　87
予告監査　　25, 92

《ら》

力量　　72
臨時監査　　21, 25

《A～Z》

5W1H　　110
ISO／TS16949規格　　22
ISO14001規格　　61, 62, 63, 64
ISO19011規格　　10, 14
ISO22000規格　　22
ISO27001規格　　22
ISO9001規格　　58, 59, 60
OHSAS18001規格　　22
output Matters　　41
PDCA　　38
PDCAサイクル　　58, 61

[著者略歴]

大浜　庄司（おおはま　しょうじ）
1934年東京都生まれ

<現在>
- オーエス総合技術研究所　所長
- 認証機関
  JIA－QAセンター主任審査員
- 審査員研修機関
  株式会社グローバルテクノ専任講師
- 社団法人日本電機工業会
  ISO9001主任講師

<資格>
- IRCA登録主任審査員(英国)
- JRCA登録主任審査員(日本)

<主な著書>
- これだけは知っておきたい
  完全図解ISO9001の基礎知識126(日刊工業新聞社)
- これだけは知っておきたい
  完全図解 ISO14001の基礎知識130
  (日刊工業新聞社)
- これだけは知っておきたい
  完全図解 ISO22000の基礎知識150
  (日刊工業新聞社)
- ISO9000内部品質監査の実務知識早わかり
  (オーム社)
- ISO9000品質マネジメントシステム構築の実務
  (オーム社)
- 図解 ISO14001実務入門(オーム社)
- マンガ ISO入門—品質・環境・監査—(オーム社)
- 図解でわかるISO9001のすべて(日本実業出版社)
- 図解でわかるISO14001のすべて(日本実業出版社)

これだけは知っておきたい　完全図解 品質&環境ISO 内部監査の基礎知識120

2010年3月30日　初版第1刷発行

Ⓒ著　者　大浜　庄司

発行者　千野　俊猛

発行所　日刊工業新聞社　〒103-8548　東京都中央区日本橋小網町14-1

電話　03-5644-7490（書籍編集部）
　　　03-5644-7410（販売・管理部）
FAX　03-5644-7400

振替口座　00190-2-186076番

URL http://www.nikkan.co.jp/pub

e-mail　info@media.nikkan.co.jp

印刷・新日本印刷
製本・新日本印刷

（定価はカバーに表示してあります）

万一乱丁、落丁などの不良品がございましたらお取り替えいたします

ISBN978-4-526-06417-3

NDC509

カバーデザイン・志岐デザイン事務所
本文イラスト・奥崎たびと

2010 Printed in Japan

Ⓡ<日本複写権センター委託出版物>

本書の無断複写は、著作権法上での例外を除き、禁じられています。
本書からの複写は、日本複写権センター（03-3401-2382）の許諾を得てください。